向中国共产党成立100周年献礼

上海高校红色往事丛书

土木芳华

上海高校建筑故事

主 编　中共上海市教育卫生工作委员会
上海市教育委员会

Architectural Stories of Universities in Shanghai

上海教育出版社
SHANGHAI EDUCATIONAL PUBLISHING HOUSE

编写委员会

顾　问　郑时龄

主　编　刘　润

副主编　李疏贝　王小莉

委　员（以姓氏笔画为序）

王小莉　王雨林　王瑞坤　邓　锁　吕雪松

刘　刊　刘津羽　刘　真　刘　润　李文迪

李　博　李疏贝　杨亚晴　杨霖怀　杨璐柳婷

张天骄　夏婷婷　展　玥　梁远懿　扈龑喆

蔡艳丽　戴方睿

封面手绘图作者　孙彤宇

建筑插图手绘组成员（以姓氏笔画为序）

王乐浔　方晏如　李　特　张恒翔　陈泽胤

周千沁　周芷萱　宣欣玥　高培中　唐以水

唐欣宜　程子庭　谢宇昕

讲好大学故事，传承红色基因

——《上海高校红色往事》丛书前言

习近平总书记指出：“历史是最好的教科书。”2021年，我们即将迎来中国共产党成立100周年。回首这一百年，正是中国共产党团结带领人民、紧紧依靠人民，跨过一道又一道沟坎，取得一个又一个胜利，为中华民族作出了伟大历史贡献的一百年。在这个过程中，党领导人民进行28年浴血奋战，打败日本帝国主义，推翻国民党反动统治，完成新民主主义革命，建立了中华人民共和国；党领导人民完成社会主义革命，确立社会主义基本制度，消灭一切剥削制度，推进了社会主义建设；党领导人民进行改革开放新的伟大革命，极大激发广大人民群众的创造性，极大解放和发展社会生产力，极大增强社会发展活力，人民生活显著改善，综合国力显著增强，国际地位显著提高。一百年来，党领导人民让具有五千多年历史的中华文明在现代化进程中焕发出新的蓬勃生机，让科学社会主义在21世纪焕发出新的蓬勃生机，让中华民族焕发出新的蓬勃生机。回望历史，在学习党史、国史、新中国史、改革开放史中汲取营养，我们更加坚定了“听党话，跟党走”的信念，更加坚定了对中国特色社会主义的信心，更加坚定了时不我待、只争朝夕建设更强大国家的使命感和责任感。

中国共产党走过的一百年，是党带领广大知识分子奋发图强、读书报国、教育兴国、科技强国的一百年；也是党带领人民进行办学实践，不断丰富教育理念，不断完善教育政策，不断推动中国特色社会主义教育取得辉煌成就的一百年。要全面了解一个国家、一个民族、一个社会、一个政党，必须了解其历史，知道它是怎么来的，又将往何处去。以史知今，需要打开一扇窗户，激励我们更加执着前行。我们编纂《上海高校红色往事丛书》，就是为了以管窥豹，从师生身边的人、物、事、史出发，从中国高等教育的缩影——上海高等教育史出发，透射中国100多年近代史、新中国72年成长史和改革开放42年发展史，引领广大师生透过党领导高等教育的不凡历程，深切感受党领导人民取得伟大成就的来之不易，深刻体会“没有共产党就没有新中国”的深刻含义。

上海是中国共产党的诞生地和初心始发地，也是中国高等教育的发源地之一，上海高等教育的发展历程与党的成长历程可以说是相生相伴，同心同向。1840年鸦片战争以后，为改变近代中国积贫积弱、民族内忧外患、人民生灵涂炭的面貌，一批仁人志士在上海以各种形式创办大学、学院等本专科高等学校，喊出了“教育救国”的口号，马相伯、陈望道、李国豪、穆汉祥、史霄雯、周宝训、刘湛恩等一大批铭刻历史的模范人物纷纷涌现。如同中国共产党的诞生使中国革命找到了正确道路一样，也正是有了中国共产党的领导，中国当代高等教育才迎来了最好的发展时机。从1949年中华人民共和国成立到改革开放，再到中国特色社会主义进入新时代，中华民族从站起来、富起来到强起来，在这个伟大征程和历史巨变中，上海高校始终坚持贯彻落实党的教育方针，坚持为党育人、为国育才，努力培养德智体美劳全面发展的社会主义建设者和接班人；上海高校始终坚持改革创新精神，以排头兵先行者的姿态，推动教育教学、科学研究、服务社会、对外交往和文化传承创新蓬勃发展，成为推动社会进步和生产力发展的重要动力源泉；进入新世纪以来，上海高校始终围绕党和国家中心任务，围绕上海建设具有全球影响力的社会主义国际化大都市，努力写好奋进之笔，齐心唱好奋进之歌，书写了一页页灿烂篇章。蕴藏在上海高校中的那些历史档案、红色地标、经典建筑和大师故事，成为见证历史辉煌、承载历史记忆、传承红色基因、延续文化传统、厚植理想信念的生动载体，成为新时代开展理想信念、爱国主义和社会主义核心价值观教育的珍贵素材。

历史是过去的现实，现实是未来的历史。当前，全市教育系统正在深入学习贯彻习近平新时代中国特色社会主义思想，按照中央和市委统一布署，深入推进党史学习教育，牢记初心使命，奋力走好新时代的长征路。在此背景下，上海市教育卫生工作党委牵头，推动上海交通大学、同济大学、上海财经大学、上海大学、上海戏剧学院等高校，从建筑楼宇、文博藏品、红色遗迹、大师精神等方面入手，充分挖掘上海高校红色资源，讲好大学故事，大力弘扬爱党爱国精神，编辑出版《上海高校红色往事丛书》，让红色基因融入师生血脉、根植师生心中，使红色基因代代相传。

习近平总书记指出：“历史总是要前进的，历史从不等待一切犹豫者、观望者、懈怠者、软弱者。只有与历史同步伐、与时代共命运的人，才能赢得光明的未来。”希望通过丛书的编辑出版，把上海高校里的红色文化资源镌刻成隽永故事，使大学精神在全社会发扬光大，成为弘扬正能量的参天大树，激励广大师生和社会大众把个人命运融入党和国家事业之中，与时代同呼吸，与祖国共命运，努力担负起推动民族伟大复兴的使命责任，努力创造无愧于时代、无愧于祖国、无愧于人民的精彩华章。

丛书编委会

2021年3月

序

上海有着全国最早建立的大学，悠久的历史伴随着大量的历史建筑，又由于上海的科技和高等教育的快速发展，出现了大量新校园、新建筑，甚至大学城。上海高校建筑之旅，也是上海城市历史和城市文化之旅。高校建筑记述了这些学校的历史和文化积淀，承载了红色革命记忆，见证了高等教育事业的发展，也见证了上海城市和科学技术的发展。

《土木芳华——上海高校建筑故事》带我们走进上海 23 所大学校园的 47 座建筑，将这些建筑的前世今生娓娓道来。这些建筑已经载入上海建筑的史册，也成为几代学者和大师的记忆。其实，上海的优秀高校建筑远不止这区区 47 座，使我仿佛有挂一漏万的印象。上海有相当多的文物建筑、优秀历史建筑和文物保护点，也有大量的新建筑掩映在校园的绿树丛中，保存着昔日的光辉，预示着明日的辉煌。

作为近代优秀建筑的代表，华东政法大学长宁校区、上海交通大学徐汇校区、上海理工大学这 3 所校园在 2019 年被列为全国重点文物保护单位。上海的高校建筑代表了中国建筑的卓越水平，很多建筑是中外著名建筑师的优秀作品，也有很多建筑成为保护和修缮的范式。同时，作为特殊的建筑类型，上海的高校建筑宛如建筑博物馆，引领了中国建筑的发展。

作为教育建筑，高校建筑不仅有其建筑类型的价值，也有科学技术和工程技术价值，以及社会价值、人文价值和艺术价值。这里有图书馆、图文信息中心、教学楼、礼堂、音乐厅、纪念馆、博物馆、办公楼等。高校建筑以其独特的环境云集各个学科的大师，大师在这里执教，又培育了几代科学大师、工程技术大师和艺术大师。

《土木芳华——上海高校建筑故事》将高校建筑大致归纳为5类。首先是文物和文物建筑，包括翻译《共产党宣言》的复旦大学校长陈望道的旧居，也是《共产党宣言》陈列馆。还有建于1899年的上海交通大学（原南洋公学）的中院；建于1931年，由匈牙利建筑师邬达克设计的采用现代建筑风格的上海交通大学工程馆。

华东政法大学长宁校区是原圣约翰大学校园，其中最负盛名的有韬奋楼（原怀施楼，1894）、四十号楼（原思颜堂，1904），以及格致楼（1899）、思孟堂（1909）等，由英国建筑师在西式建筑中加入中国传统建筑语汇的中西合璧手法设计而成。校园内还有著名建筑师范文照设计的交谊楼（1929），属于早期的中国古典复兴作品。

上海理工大学军工路北校区（原沪江大学）的文物建筑包括建于20世纪10年代的沪江国际文化园——小洋楼建筑群，以及沪江美术馆（原沪江大学麦氏医院，1917）等。沪江大学校园在1919年由美国建筑师茂飞和旦纳规划，这里的文物建筑还包括理学院（原沪江大学科学馆，1922）、第一办公楼（原思雷堂，1922）、女生宿舍（原怀德堂，1923）、餐厅（1924）等。

上海体育学院行政办公楼系建于1933年的旧上海特别市政府大楼，由著名建筑师董大酉设计，是20世纪30年代民族复兴梦“大上海计划”中的核心主楼，是中国固有建筑形式的代表作。大楼采用钢筋混凝土结构，是“大上海计划”中最先建成的一座建筑，位于当年规划的新市区中心的中轴线上，外观为中国古典宫殿式，绿色琉璃瓦屋顶，又称“绿瓦大楼”。

第二类属于优秀近代建筑。东平路9号为上海音乐学院附中9号楼，原本是建于1916年的英国商人康福特宅，由美商中国营业公司设计建造。经过扩建，在20世纪30年代成为蒋介石和宋美龄的住所后又称“爱庐”。

复旦大学的子彬院（1925）、奕柱堂（1929）和相辉堂（原名登辉堂，1927，于1946年重建）、简公堂（1922）由美国建筑师茂飞规划和设计，他在20世纪20年代初提出了“适应性中国式建筑”和“适应性中国式文艺复兴”的理念，并应用在设计中。相辉堂在2018年的保护和修缮改造也成为历史建筑修复的样板。

上海音乐学院专家楼建于1926年，曾经是比利时驻沪领事馆，环境幽雅，受德国20世纪初的青年风格派影响，建筑细部十分精美。校园内还有建于20世纪10年代的上海音乐学院老办公楼，属于文艺复兴风格，曾经是犹太人俱乐部。

上海戏剧学院熊佛西楼建于1920年，原先是德国人的俱乐部，上海戏剧学院进驻后改称熊佛西楼，成为培养戏剧人才的摇篮。同在上海戏剧学院的毓琇楼建于 20 世纪 20 和 30 年代，原先是一位建筑师的工作室，2003 年修缮复原。

华东师范大学办公楼是原大夏大学的群贤堂，建于 1930 年，由著名建筑师董大酉设计，采用西方新古典主义风格。校园内还有建于 1946 年的礼堂，是原大夏大学的思群堂。

1936 年由隆昌建筑公司设计的复旦大学上海医学院一号楼，原为上海医学院大楼，采用现代建筑加传统大屋顶的设计手法，属于中国固有式建筑风格的一种探索。

建于 1942 年的同济大学“一·二九”礼堂，原来是日本建筑师石本喜久治设计的日本中学校舍，为纪念同济大学校史中 1948 年的“一·二九”运动，改名“一·二九”礼堂，2001 年经过修缮改建。

上海交通大学文治堂建于 1949 年，是为了纪念唐文治校长而建造的礼堂，也是近代建筑的收官之作。

第三类是现代校园建筑。建于 1952 年的东华大学延安路校区第一教学楼虽然只是一座两层砖混结构小楼，但见证了东华大学从最初的华东纺织工学院发展至今的校史，由著名建筑师陈植设计。

1952 年建成的上海师范大学音乐厅号称“远东第一音乐厅”，曾经是上海音响效果最佳的音乐厅之一，是上师大人记忆中的音乐圣殿。东部小红楼建于 1953 年，是中文系与历史系的办公楼，这里曾经聚集了一大批学术造诣深厚的大师级教授，因此又称上师大的“大师楼”。建于 1955 年的第一教学楼采用庭院式整体布局，属于民族风格新建筑探索的优秀代表作。第三教学楼建于 1962 年，又称文史楼，建筑风格趋于简约，20 世纪 80 年代中加建至四层。

建于 1954 年，采用中国传统建筑风格的华东师范大学物理馆、地理馆和生物馆，也是 20 世纪 50 年代校园建筑对民族风格探索的代表。

现代建筑的代表作——同济大学文远楼建于 1954 年，由同济大学建筑系教师黄毓麟和哈雄文设计。同济大学礼堂是建于 1962 年的优秀历史建筑，由黄家骅教授、胡纫茉承担建筑设计，结构工程师俞载道教授、冯之椿完成结构设计，采用钢筋混凝土联方网架结构，成为探索新结构的创新代表作品。

第四类是改革开放以来建造的当代校园建筑。上海戏剧学院端钧剧场建于 1956 年，由一座室内体育馆改建而成，是 1949 年后较早建造的实验剧场，2002 年重建，许多著名的戏剧曾在这里上演。

上海音乐学院在 2003 年建成的贺绿汀音乐厅，举办过许多国际音乐盛会，成为艺术大师走向世界的舞台。

上海海关学院明志馆是完全仿照一座 1932 年建造的、位于汾阳路的海关税务司官邸复建的，西班牙风格，现在用作校史陈列馆。

高校博物馆是现代大学的标志和历史积淀，上海中医药大学的中医药博物馆位于张江校区，建于 2003 年，也是上海市爱国主义教育基地。建筑造型的构思为天圆地方，其前身是创建于 1938 年的中华医学会医史博物馆，这是中国第一家医学史专业博物馆。

建于 2010 年的上海立信会计金融学院立信会计博物馆，是会计专业人士朝圣的殿堂。

号称“中国高校第一高楼”的复旦大学光华楼建于 2005 年，高 142.8 米，是复旦大学的地标建筑。建于 2007 年的同济大学衷和楼也有 100 米的高度。

图文信息大楼和图书馆是改革开放后校园中最突出的地标，也是学术交流的殿堂。本书介绍了 4 座图文信息大楼，包括建于 2000 年的上海对外经贸大学图文信息大楼、建于 2001 年的上海外国语大学图文信息中心（位于松江大学城，属于典型的“欧陆风”建筑）、建于 2005 年的上海视觉艺术学院图文信息中心、建于 2011 年的华东理工大学图文信息中心。这些建筑代表了新时代校园建筑的新风格，成为学校的地标。

图书馆有建于 1988 年的上海财经大学英贤图书馆，位于学校的武川路校区，系利用原有厂房改建；建于 1965 年的优秀历史建筑——同济大学图书馆，1989 年又在图书馆四合院内加建两座塔楼；建于 2008 年的上海政法学院图书馆，建成以来，已经成为学术文化交流的殿堂；建于 2011 年的全国爱国主义教育示范基地——上海交通大学钱学森图书馆，弘扬了科学精神，由著名建筑师何镜堂院士设计；同一年建造的造型丰富的上海电机学院临港校区图书馆；建于 2017 年的上海大学钱伟长图书馆，坐落于上海大学宝山校区，整体呈圆形，在总体布局上成为上海大学建筑群中的一个地标。

《土木芳华——上海高校建筑故事》从特殊的角度带领我们去深度阅读上海高校建筑的博物馆，让我们从中感受这些培养人才和大师的熔炉，让我们充分认识高校的过去、今天和未来。

郑时龄

2020 年 9 月 10 日

目录

复旦大学

《共产党宣言》展示馆(陈望道旧居)

标　　签:

上海市爱国主义教育基地

地　　点:

国福路51号

建筑特点:

上海近代西班牙风格建筑

建筑承载大事记:

陈望道先生曾居住于此(1956—1977)

建筑赏析:

陈望道旧居，典型的上海近代西班牙风格建筑，三层砖混结构，1952年由复旦大学购置，后作陈望道寓所使用。建筑层层退进，二层有露台，正面突出半圆形体量，开窗敞亮，黄色拉毛外墙，局部圆窗，入口为垛口装饰混凝土雨棚，檐口有马蹄形饰带，建筑室内有马赛克铺地与拼花木地板；1956年建筑更新了新绿色筒瓦，与露台洞口琉璃装饰相得益彰，得名“绿屋”。2020年经修缮后作为《共产党宣言》展示馆。

宣言中译　信仰之源

图 1-1
陈望道旧居全貌

陈望道旧居位于上海市杨浦区国福路 51 号。这栋小楼的二、三层曾是陈望道校长 1956 年到 1977 年在复旦大学的寓所。20 世纪 50 年代，学校购置了国福路一幢三层私人别墅为校舍，经修缮后，分配给校长陈望道居住。因该楼屋顶为绿色玻璃瓦，故称“绿屋”。望道校长入住后，又将底层辟作语法、修辞、逻辑研究室，该楼就不是纯粹的个人住宅了。

旧居于2014年入选上海市文物保护单位。2018年，由中共上海市委宣传部和复旦大学发起，上海市教育委员会和上海市教育发展基金会参与，辟建为《共产党宣言》展示馆，作为复旦大学校史馆专题馆，长设“宣言中译·信仰之源”主题教育展。

展示馆建筑面积320平方米，以“信仰之源”为线索，以《共产党宣言》和陈望道生平为主题贯穿始终，凸显《共产党宣言》作为“信仰之源”在革命先驱探索救国道路中的重大作用、为中国共产党诞生所作的重大思想和理论准备。展示馆先后成为复旦大学中国共产党革命精神与文化资源研究中心（教育部人文社会科学重点研究基地）教学实践基地、上海市社会科学普及示范基地、中国民主同盟（上海）传统教育基地和上海市爱国主义教育基地。

追望大道
望老与旧居的故事

陈望道（1891年1月18日—1977年10月29日），原名陈参一，又名陈融，字任重，出生于浙江金华义乌分水塘村。他是我国马克思主义的早期传播者，《共产党宣言》中文全译本首译者，五四运动和新文化运动的积极推动者，著名的社会活动家、修辞学家、语言学家、教育家。有《修辞学发凡》《作文法讲义》《美学概论》《因明学》《文法简论》等著作，其中《修辞学发凡》一书被誉为现代修辞学的奠基之作。

陈望道早年赴日留学，后回国任教，“一师风潮”之后回到家乡。1920年4月完成《共产党宣言》中文全译本翻译，参与了中国共产党的创建，之后从事党的文化教育工作。1949年以后，陈望道校长在复旦大学工作，将毕生精力贡献给了复旦。他不仅是管理层面上的校长，更是一位长期在教育教学第一线工作、好学力行的教育家，是中国现代新闻教育的推动者、复旦新闻系的创始人之一。

图 1–2

陈望道在书房中（1972）

图 1–3
20 世纪 60 年代初陈望道与胡裕树、杜高印在一起

1955 年底，陈望道亲自筹建了语法、修辞、逻辑研究室，于次年将办公室设置在国福路 51 号底层。最初，学校本想将整幢楼让予陈望道和家人居住，高风亮节的他却执意谦让。据陈望道之子、曾任复旦大学物理学系教授的陈振新介绍："国福路 51 号，总面积为 300 多平方米，大大小小的用房有 10 间之多，当时只有三口之家的陈望道左想右想也不愿迁入这一新居。后来经学校再三说明并答应将校内的语法、逻辑、修辞研究室迁至国福路 51 号底层，问题才得到解决。"

研究室刚成立时，大多由兼职人员组成，其中有著名语言学家、中文系郭绍虞和吴文祺等教授。陈望道亲自任研究室主任，带头开展学术研究。此后，他除了因公外出开会或有其他重要活动之外，坚持出席每星期五的研究室例会。他希望通过每周一次的学术交流和讨论，逐步形成和完善已进行了多年研究的功能论语法新体系。

寓所底层的语法、修辞、逻辑研究室于 1958 年改名为复旦大学语言研究室，作为复旦大学的一个直属研究机构，下设语法、修辞和语言学理论 3 个组。研究人员除本系吴文祺、胡裕树、濮之珍等教师之外，还吸收了外文系李振麟、程雨民以及上海外国语学院的戚雨林、王德春等教师，规模和阵容都比过去扩大了，日常开展的研究及讨论的问题也比过去增多了。

与此同时，复旦大学又成立了文学研究室，由郭绍虞任研究室主任。陈望道从 1958 年起也不再兼任语言研究室的主任，此职便改由吴文祺担任。虽然不再担任语言研究室的领导，但陈望道仍然是研究室的核心人物。平日，他常把自己的一些研究设想拿到室里来征求大家的意见，同大家讨论。人们都知道，他做起学问来如痴如醉，达到废寝忘食的地步。原定于每星期五的研究室例会，时常会被其他活动“冲”掉。于是他又会“自作主张”地把例会安排在周末或节假日。每每遇到这种情况时，夫人蔡葵总在一旁提醒他，他就不好意思地笑起来。同志们都为他这种忘我的精神所感动和感染，也就愉快地接受了在节假日开会的建议。谁都清楚，他的工作日程表上是没有星期天和节假日的。他珍惜每一寸光阴，甚至连一日三餐也匆匆了事，以便腾出更多的时间来开展学术研究和日常行政工作。

修旧如故
可阅读的建筑

陈望道旧居建筑在整体体量上有现代主义建筑的特征，同时又带有西班牙式建筑风格，也存在部分中式元素，使得建筑整体风格独特迥异。但年久失修使得建筑外观显得破旧，外立面拉毛粉刷大面积脱落、污损。2016 年开始的修缮秉承了展现望道先生居住时原貌的原则，保留了整体历史建筑体量，全面修缮了外立面损伤。

整个旧居的修缮以修旧如旧为原则，为此甚至请到了远在外地的老邻居一同回忆细节。修缮方案经过文物部门和专家的严格评审，一扇腐朽破损的木门被更换成新门后，也要对新门进行做旧处理，以便增强参观者的历史代入感。就连树木、草坪、水泥地面等小楼周边环境细节，也都尽量按照陈望道亲属、学生、老邻居等记忆中的样子来复原，努力“让历史可凝聚，让建筑可阅读，让信仰可升华”。

例如室内有大量空间采用马赛克、拼花地板铺地，部分卫生间墙裙采用1949年以前的日本进口瓷砖，均有保存，但破损情况不同。对于此类空间，采用了照片建模等数据采集方式进行了完整记录，并研究其铺砌规律。对保存较完好的空间进行了清洗，对缺损的部分采用色彩接近的同工艺烧制材料修补，在保证可识别性的前提下完善历史空间的整体性。

信仰之源
打造红色地标

展示馆一层以“宣言中译·信仰之源”为主题，展示《共产党宣言》的诞生、中译过程及其对中国革命乃至全世界的深远影响，彰显上海红色起源地的精神与传承。这里原为语言研究室藏书室和语言研究室办公室。陈望道曾经使用过的桌椅、柜子都保留了下来，作为展品的一部分，并展出陈望道曾使用过的毛笔、砚台、残墨和碗盏。原卫生间现布置为又新印刷所，用以纪念首版由于排印疏忽而将封面上的书名印成“共党产宣言”的《共产党宣言》。原厨房布置为宣言版本厅，展示了德文、英文、日文、陈望道中文、中央编译局中文的版本全文。

二层以“千秋巨笔·一代宗师”为主题，介绍陈望道的生平、学术成就及藏书，勾勒其作为社会活动家、教育家、思想家、学者的光辉人生。此层是陈望道曾经的起居所在，望老的藏书室现在作为年表厅，展示了望老一生重要的时间节点。望老书房是按照片复原的，因为当时复旦图书馆藏书太少，望老就把自己的藏书连同藏书柜一同捐给了复旦图书馆。书房中展示了望老穿着中山装在灯下阅读书稿的形象，布有邓颖超给望老的《修辞学发凡》收条、望老阅读的市政公报、批改的修辞学作业、审阅的《辞海》未定稿文本。原卧室展出望老使用过的日常物品。家人整理了望老的物品后，向《共产党宣言》展示馆捐赠500余件，包括日记本（里面还夹着交党费的收据）、收音机、台灯、钢笔、钥匙包、眼镜、放大镜和印章等。

三层的原藏书室摆放着陈望道在抗战胜利后从重庆北碚返沪时使用的搬运箱，原

图 1-4
书房中的陈望道像

卧室墙面展示陈望道先生诞辰一百周年时，国家领导人、著名学者的亲笔题字。

展示馆院内还设有车库影院，播放《大师陈望道》和《信仰之源》纪录片；布有名言石碑区，镌刻陈望道为人、治学的名言；立有“真理的味道”雕塑，再现陈望道翻译《共产党宣言》时，蘸着墨汁吃粽子的场景。

“如果说马克思主义是无产阶级的‘真理之光’，《共产党宣言》就是‘信仰之源’，是在中国大地上催生了无数革命先驱源源不竭的奋斗动力。”复旦大学以“信仰之源”为主题将陈望道旧居打造成《共产党宣言》展示馆，希望使之不仅成为复旦党史、校史的教育基地，而且也成为上海乃至全国的红色地标。

（撰稿：复宇）

复旦大学
相辉堂

标　　签：

上海市第四批优秀历史建筑

地　　点：

复旦大学邯郸校区

建筑特点：

中国固有形式的传统建筑复兴

建成时间：

1947 年

建筑承载大事记：

美国总统里根访问（1984），改名相辉堂（1985），复旦大学与上海医科大学合并（2000）

建筑赏析：

复旦大学相辉堂（原名登辉堂）旧址是第一学生宿舍，与子彬楼、简公堂、奕柱堂成品字形布局。建筑为两层砖木结构，局部混凝土，四坡抬梁式屋顶。青瓦、白墙、坡屋顶、红窗格等表现出中国固有形式的传统建筑复兴特点。1952 年加建南入口双侧双跑楼梯，1963 年增设放映间夹层，1971 年扩建舞台，并以角钢加固四轴木屋顶，以钢柱加固一层局部，1984 年加建连廊与休息室。2016 年改扩建，保留加建双跑楼梯，恢复礼堂舞台形制，传承与延续了复旦大学校园建筑的历史风貌。

艺术殿堂 精神家园

图 2-1
相辉堂正面

相辉堂——矗立在复旦校园西北部的一幢白墙黑瓦的建筑，看上去简简单单，却见证了复旦最悠久的历史。它与复旦风雨同路，成为复旦校园不可或缺的风景之一。

从“登辉堂”到“相辉堂”

抗战时期，复旦大学分为两部，一部迁往重庆北碚，一部留在上海市区赁屋上课。抗战胜利后，随着沪渝两部合并，学生人数激增，上海江湾原有的校舍远远不够用。另外，复旦上海同学会觉得在学校里尤其需要一个能容纳千人以上的大礼堂，因此准备筹款十亿法币，赠与母校作扩充建设之用。同时，为了崇德报功、纪念老校长李登辉，决定建造登辉堂。

因建造登辉堂愿望迫切，当时物价又不稳定，势必不能待捐款募集齐全后再兴建，所以决定先由学校垫款建造。经登报公开招标，1947 年 2 月 5 日复旦大学建筑委员会当场开标，该工程由新艺建筑公司承建。

2 月 13 日，在学生第一宿舍的废墟上，登辉堂正式开工，设计为两层建筑，楼上为大礼堂，可容纳一千数百余座位，兼可充剧场之用。楼下东侧拟作教室，西侧作为阅览室。同年 6 月 23 日竣工，历时 4 个多月，时任国民党中央监察委员的吴稚晖为登辉堂题写了匾额。

合同刚订立，就遇上“金钞大风暴”，物价急剧上涨，新艺公司以此为由要求加价。学校与之反复磋商，最后决定将工程中木料部分按照承包原价由新艺公司退还学校，另由学校购买材料交新艺公司用。经校友鲍慷志的协助和章益校长、芮宝公总务长的多方奔走，学校从中央信托局敌伪产业清理处廉价得到敌商木材，这样虽增加了不少麻烦，但损失可减轻不少。后又得到校友王人麟的协助，请准善后救济总署上海分署拨助面粉两千余袋，抵减了一部分工价。加上又以大大低于市价的价格购入一批钢筋，因此虽然该工程照市价估值超过 12 亿法币，但在学校多方努力下仅花费了 7 亿 4200 余万元法币。

1985 年复旦大学校庆 80 周年之际，登辉堂改名为相辉堂，以纪念马相伯、李登辉两位复旦前贤，由周谷城先生题写匾额。2006 年 2 月，相辉堂被批准为上海市第四批优秀历史建筑。

复旦变迁的见证者

相辉堂自落成以来，一直是全校师生重要集会的场所，更因此成为复旦历史变迁的见证者。

1947 年 6 月 26 日下午，复旦大学复员后首届毕业典礼在相辉堂隆重举行，到场来宾及师生共两千余人，其中有国民党元老李石曾夫妇，英国文化委员会赫德黎，上海同学会代表奚玉书、端木恺、张丰胄，国民党参政员金振玉。应届毕业生 618 人均身着学士服在绕大草坪一周后，鱼贯进入相辉堂就坐。李登辉校长在这里作了最后一次讲演。他深情又满怀希望地对毕业生说："你们现在穿的是学士制服，你们穿过了以后，应当是一个有学问的人，应当从此对国家有所贡献；一个大学毕业生，应当为社会服务，为人类牺牲；服务、牺牲、团结，是复旦的精神，更是你们的责任。"

1949 年 6 月 20 日，相辉堂又见证了复旦大学重要的历史时刻——复旦大学接管典礼，上海市副市长韦悫及军管会代表来校接管。校长章益接受军管会命令，师生员工代表致欢迎词。中国人民解放军上海市军管会代表李正文（后任校党委书记）宣读接管复旦大学命令。自此，复旦大学顺利完成了从旧学校到新学校的转变，开始谱写它的历史新篇章。

1954 年 5 月 27 日，这里举行了建校 49 周年庆祝大会暨第一次科学讨论会。陈望道校长在大会上致词，从此掀开了复旦大学科学报告会的崭新一页，增强了学校的学术气氛。

多位国内外名人在这里登台演讲，帮助复旦人拓宽了视野。据不完全统计，仅在 1949 年后来相辉堂作报告的国际知名人物，先后就有苏联最高苏维埃主席团主席伏罗希洛夫、法国总统德斯坦、法国共产党总书记马歇、美国总统里根、微软总裁比尔·盖茨等。

1984 年，为了迎接美国总统里根的到来，相辉堂进行了彻底的翻修，一个个长条凳换成一张张崭新的座椅，一台台吊扇也为空调所代替，相辉堂成为国内高校中第一个拥有空调的大礼堂。美国当局从安全角度考虑，连演讲台都是从美国空运过来的。

图 2–2
相辉堂侧影

而复旦大学当然不能任由美国的标志在复旦的舞台上展示，经双方协商，在美国提供的演讲台外面套了一个有复旦 logo 的讲台。当里根总统在这个演讲台上发表演讲时，复旦的 logo 也同时展现在全世界面前。看到当时里根演讲照片的人也许会好奇，演讲台前的两块玻璃是干什么用的呢？原来，这两块防弹玻璃是里根演讲的字幕板，里根在演讲时，一会儿看看左边的字幕，一会儿看看右边的字幕，就好像他时不时在与左右两边的学生进行交流，让人备感亲切。当学生用流利的英语与里根总统交流的那一刻起，复旦学子加快了走向世界的步伐，相辉堂也成为复旦连接世界的广阔舞台。

复旦文化的承载者

相辉堂是学生活动的重要舞台，一幕幕经典话剧在此上演，从1963年的《红岩》到1978年的《于无声处》、1996年的《雷雨》乃至2003年的《托起明天的太阳》，每一出剧目都引起了不小的轰动。特别是1978年11月30日公演的《于无声处》在全校引起了强烈的反响。演出过程中，观众不时对演员们精彩的表演报以热烈的掌声，不少观众被剧中欧阳平、梅林等英雄人物的高尚情操感动得热泪盈眶。演出结束后，一些师生还跑到后台热情地向演员表示祝贺，眼眶里闪烁着激动的泪花。

除了公演话剧，相辉堂从20世纪70年代起还充当电影院的角色。复旦大学利用自身优势，经常能搞到一些内部影片放映，因此当时放映的都是最新、最经典、难得一见的电影，于是场场爆满，经常一票难求。有时候放映室里也全都是人，还有人爬到天花板上，躲在舞台灯后面……有些人没有买到票，为了看电影，用假票、过期的票，一张票还被撕成两半，想混两个人进去。为了看电影，学生用的办法是五花八门，什么情况都发生过。当时放映电影的热闹场面是可想而知的了。1988年5月，张艺谋、莫言率《红高粱》剧组来复旦举行首映仪式，相辉堂内座无虚席。复旦学生借此机会了解并观看了《红高粱》，与剧组交流互动，热闹非凡。特别是张艺谋导演高唱一曲"妹妹你大胆地往前走……"时，复旦学生也用自己特有的方式向张艺谋等优秀电影艺术家致敬，彼时台上台下手舞足蹈，如痴如醉地唱着"好酒！好酒！"，更是把会场的气氛推向了高潮。

2000年4月27日，相辉堂又见证了复旦大学发展过程中的重要时刻——复旦大学与上海医科大学合并，组建成新的复旦大学。上海市委副书记龚学平主持大会，教育部部长陈至立、上海市市长徐匡迪出席大会并讲话。两校的强强联合为学校的改革和发展创造了更有利的条件，使学校具有了更强大的办学实力，向世界一流大学又迈进了一步。

图 2-3
复旦大学与上海医科大学合并大会

图 2-4
上海市教育系统庆祝第 35 个教师节主题活动

2017 年，相辉堂由校友集资修葺后重新对外开放，新建了北堂舞台。南堂舞台修旧如旧，北堂舞台设施齐全，能满足各类不同演出的需要。

马相伯创立了复旦，李登辉建设了复旦，相辉堂是对他们永恒的纪念。然而一年或者一百年，对于一个建筑来说，都仅仅只是一瞬间，真实的历史不是保存在这里，而是保存在每个复旦人身上，每个为复旦乃至整个中华民族谋发展的复旦人身上。现如今，相辉堂已经成为所有复旦人的精神殿堂。

（撰稿：孙瑾芝）

复旦大学
子彬院

标　　签：

杨浦区文物保护建筑

地　　点：

复旦大学邯郸校区

建筑特点：

椭圆门厅“小白宫”

建成时间：

1925年

建筑赏析：

子彬院，由我国最早的心理学家郭任远募资建造。建筑为混合结构，三层带阁楼，对称构图，中央与两侧体量微微凸出。木屋架坡屋顶，铺黛瓦，设老虎窗，变化丰富。外立面白色粉刷，主立面以壁柱、嵌板和竖向长窗组成构图。中央有三角山墙凸出，刻槽壁柱带装饰，山花精致。入口为椭圆形门厅，共四根爱奥尼克柱，内侧围拱；上有露台，围西式栏杆。门厅形似美国白宫南立面，得名“小白宫”。室内装饰丰富，柱间起拱，布置井格天花，深而精美。2011年改扩建，更名“吕志和楼”。

旧貌新颜　群星闪耀

图 3-1
子彬院正面

偌大的复旦园里，有一方净土，牵动着所有复旦人的心弦。这里白墙黛瓦，环廊蜿蜒，绿树掩映，别样清幽。

坐落在相辉堂旁边的子彬院建于 1925 年，因为其门庭的造型风格与美国白宫类似，复旦人把它称为“小白宫”。子彬院前的草坪是复旦师生和校友心中的“首选婚纱摄影地”。阳光明媚的周末，子彬院前常常能看到身着婚纱和礼服的复旦校友。

郭任远与子彬院

复旦的学子都会记得，早先在子彬院门前，有一块造型玲珑、遒劲挺拔的庭院石，上书娟秀又不失大气的“子彬院”。

说起子彬院，不得不提到郭任远。在网上输入这个名字，映入眼帘的是让人眼前一亮的头衔：享誉世界的著名现代心理学家、动物心理学家和行为主义心理学家，美国现代心理学的奠基人，我国现代心理学的拓荒者。

1923 年，郭任远从美国学成归来。国立北京大学、国立东南大学和复旦大学都争相抛出橄榄枝，想要聘他做教授。最终，郭任远选择了自己的母校——复旦大学。“由是，复旦校园内出现了一位鼻梁间架金丝眼镜，华发光鉴、西装革履、风度翩翩、英气勃发、光彩四溢的青年学者，此君便是复旦大学心理学系主任，郭任远博士。”复旦校史研究专家杨家润老师连用五个成语，展示了当年郭任远的风采。

郭任远向他的同乡、族叔，热心教育和慈善事业的旅沪著名实业家郭子彬筹募了 3000 大洋，购置了一批书籍、仪器和动物，雄心勃勃地回到复旦大学。一到学校，他便开始着手创立中国第一个心理学院——复旦大学心理学院。在郭任远的主持下，不到一年时间，心理学就成为复旦知名学科。

随着自然科学在我国的逐步传播，心理学科渐渐引起学界的重视。此时，心怀一番抱负的郭任远计划将心理学系扩充为心理学院。苦于没有房舍，郭任远再次登门游说，向郭子彬、郭辅庭父子又募得 5 万大洋，还争取到美国庚子赔款教育基金团的补助，开始筹建心理学院大楼。郭任远请来美国建筑师设计，自己亲自督工建造。1926 年，一座当年复旦校园内最堂皇的大楼竣工了，命名为“子彬院”。

子彬院的落成轰动了上海。人们对郭子彬的慷慨，对郭任远的执着追求，对大楼的建造速度和典雅风格，都给予很高的评价。当时上海知名媒体《申报》曾刊文称，该

图 3-2
子彬院侧面

楼的规模和设备仅次于苏联巴甫洛夫心理学院和美国普林斯顿心理学院，居世界第三位。又因建筑风格与美国白宫相近，故被誉为“小白宫”。

复旦大学心理学院随着子彬院的建成而成立。那时，其他国家还没有如此完备的心理学院，故复旦心理学院被誉为“远东第一心理学院”。为把学院办成一所世界一流的心理学院，郭任远不但给学院添置了大量先进的科研设备，更是借此延揽了国内顶尖的教授到该院任教，其中具有博士学位的知名教授就有：曾出任中央研究院心理研究所所长的唐钺，曾担任中国动植物学会第一届理事长的李汝祺，曾任中央研究院院士、中国生理学会理事长的蔡翘，曾任西北师范大学生物系主任的孔宪武，曾任中央大学生物系主任、理学院院长的蔡堡，加上郭任远本人和其

图 3-3
心理学院内廊悬挂子彬院牌匾

他两位博士，在当时的教育界，复旦心理学院享有“一院八博士”的美誉。在郭任远的精心经营下，子彬院走出了一批杰出的人才，著名科学家童第周、冯德培、沈霁春、徐丰彦、胡寄南、朱鹤年等，都是他门下的学生。

享誉世界的“猫鼠同笼”实验，就发生在子彬院。为进一步论证“反本能论”的科学性，郭任远让一只猫和一只老鼠从小居住在一个笼内，由人工饲养各自长大。结果猫鼠友好相处，人们认为的猫抓老鼠的“本能”不见了。实验报告《猫对鼠反应的起源》连同一张老鼠骑在猫身上的照片刊登在美国《比较生理心理学》杂志上，论文轰动了美国，引为奇闻。

晚年的童第周曾多次深情地谈起他的老师郭任远，也兴致勃勃地谈起“猫鼠同笼，大同世界”这个闻名世界的实验。他说：“这个实验和观点给我的启示是，不能盲从前人的学说和观点，要从科学实验中获得真知，这对我以后的研究工作产生了很大的影响。”

1944 年，因战乱避居国外讲学的郭任远再次回国，受命筹办由教育部与中英庚子赔款董事会合办的中国心理研究院，并把研究院地点设在重庆北碚复旦大学中。他亟聘已在生物学界声名卓著的弟子童第周、沈霁春为研究员，随即向英、美订购仪器、图书和设备。“中国心理生理科学应在世界占有一席之地”，他心里筹划着，也在为此努力着。同时，他接受了复旦大学校长章益亲自送来的聘书——复旦大学专任教授，但提出不要薪酬。

苏步青与子彬院

1952 年 10 月，全国高校院系调整，苏步青从浙江大学来到复旦大学，子彬院成为他从事数学教学、研究的基地。苏步青对于复旦的发展功不可没。其时，在国内数学界已声名鹊起的苏步青与陈建功教授，齐心协力教学、科研、育人，谷超豪、夏道行、胡和生、李大潜、严绍宗等一批中国科学院院士、学者聚集在他们身边，艰苦奋斗，在子彬院干出了一番事业。

苏步青的科学研究成果显著，与子彬院中数学系资料室的数学期刊比较齐全有密切的关系。受第二次世界大战的影响，数学系原来订购的外文数学期刊中断了，苏步青十分痛心。后来，外国进口期刊大幅涨价，又不得不减少订阅量。苏步青为此闷闷不乐，请学校向高教部申请多

图 3-4
子彬院旧貌

批外汇，逐步补充了各种外文数学期刊的遗缺。他还特地选派精通业务的老师加入资料室管理工作中。后来，数学系资料室不仅书刊丰富，而且管理井井有条，发挥了很好的作用。

在一次外事接待中，当原西德科学交流中心舒尔特教授一行看到数学系资料室里国内外的期刊目录有400多种，其中外文期刊占了四分之三，书架上的很多期刊都是新刊的时候，舒尔特教授连声赞叹："Good，Good！"看到德国《纯粹与应用数学》杂志，他更是惊喜不已。此刊创办于1826年，距当时已有150多年。他说："由于战争原因，这么古老、完整的杂志，在德国国内也是很难找全的。从这个资料室的收藏，我就可以断定，复旦数学系的研究工作当是一流的。"

子彬院也是苏步青先生以诗交友的场所。许多人都知道苏步青是数学大师，却不知道他还是位诗人。几十年来，他与诗为伴，与诗书同行，每次出差，提包里总会放一两本诗集。1972年12月7日，苏步青的学生、著名数学家张素诚因《数学学报》复刊之需，来到子彬院拜访苏步青。没想到苏老在所送的《射影几何概论》一书的扉页题了一首诗："三十年前在贵州，曾因奇异点生愁。如今老去申江日，喜见故人争上游。"这首诗打破了常人的题词俗话，将师生之情蕴含其中，足可看出苏老高超的诗艺和深厚的文学功底。

旧貌新颜

子彬院

日月光华，旦复旦兮。2005年，复旦百年校庆之际，数学科学学院迁入刚刚落成的光华楼，子彬院结束了作为复旦数学学科办公点的历史。

作为一幢连续使用超过80年的老楼，那时子彬院内部已破陋不堪，修缮工作迫在眉睫。远在香港的校董吕志和得知此事后，慷慨捐赠380万美金用于子彬院的修缮，资金问题得以顺利解决。

然而，修缮子彬院的难度很大。从建筑风格上讲，子彬院是中西合璧的完美产物，它不仅拥有欧式的罗马柱、露天阳台、西洋花饰等，还拥有中国传统的木结构、庭院等。同时，子彬院还是上海市第四批优秀历史建筑，杨浦区区级文物保护建筑，修缮工作须经上海市文管会、上海市规划局以及上海市房管局三方批准方能动工，足见子彬院的重要地位。

随着修缮工作的深入，施工人员发现了子彬院的诸多神奇之处：屋梁用10多米长的完整横木搭成——一般情况下，五六米就已是极限，而10多米长的跨度，对其承重提出了极高的要求。为此，当初的设计者在木梁间巧妙地使用了剪刀撑，极大地缓解了承重压力，这在当时是非常了不起的设计。另外，阳台的引流槽做成内嵌式，既美观，又能有效地收集雨水。

复旦建校之初的很多建筑或毁于连年的战火，或毁于人为的拆除，唯有子彬院保持了原有的风貌，于是“修旧如旧”成为子彬院修缮的出发点，设计人员采取变通的方法避免破坏原有的景致。子彬院南面入口的围拱、台阶和罗马柱是整栋建筑的精华。也正是因为这一部分，子彬院才得到了“小白宫”的美誉。但罗马柱和台阶所用石材的加工技艺在今天均已失传，因此，修缮人员只能对原物进行清洗和加固后重新安装。子彬院屋顶的瓦片当时是手工制作的，技艺也已失传。修缮人员只好将一片完整的瓦交给加工厂，新造模板重新生产。作为修缮后的现代化建筑，子彬院新增了红外线防盗系统、门禁刷卡系统和避雷系统，这些新增的功能都需要考虑现代化设计与传统风格的冲突问题，每做一个加法，都需要专家长时间的调研和论证。

2011年10月26日，子彬院工地会议室举行了改扩建工程竣工验收会。修缮工程得到了专家、领导和同行的一致认可，总共为期4年之久的浩大工程圆满落下帷幕。

光阴荏苒，斯人已驾鹤，空余子彬楼。从1926年落成至今，子彬院未曾改变过自己的容颜，这份坚守，或许正是为见证先贤对复旦、对中国教育事业的拳拳之心。

（撰稿：杨俐）

复旦大学
光华楼

标　　签：

新世纪复旦大学的标志性建筑

地　　点：

复旦大学邯郸校区

建筑特点：

新古典风格双塔建筑

建成时间：

2005 年

建筑承载大事记：

百年校庆（2005）

建筑赏析：

复旦大学光华楼的建筑设计由中船第九设计研究院承担，是复旦大学的标志性校园建筑。建筑由超高层双塔及附楼和地下室组成，东西长 186 米，南北宽 48 米，塔楼高 142.8 米。地上 30 层，地下 2 层，两翼裙房伸展，是体现新古典风格特征的综合教育建筑。主入口是由科林斯双柱和单柱组成的柱廊，入口空间檐口出挑深远，塔楼立面由爱奥尼双柱、蓝玻璃幕墙和石材贴面构成，顶部为仿孟莎式蓝色四面坡屋顶。双塔之间的建筑空间体量连接层顶端设透明球形玻璃穹顶，取“双峰日出”之寓意。

日月光华　旦复旦兮

图 4-1
光华楼正面

百年校庆之纪念

伟岸雄姿，人文宏碑。复旦园中，晨曦初现，夕阳西下，日月光华，双楼相辉。

复旦跨入新世纪，百年第一楼也被列为上海市重大工程，是堪称国际一流的教学综合楼。142.8 米的光华楼，被誉为“中国高校第一楼”，坐落于邯郸校区的东北隅，朝南坐北，周遭少有“齐肩”高楼，映衬着天际，有凌空出世之奇。双子塔楼相依，两厢裙楼相辅，傲然挺拔，神采飞扬。

作为进入新世纪的标志性建筑，光华楼被迅速地建设起来——1999 年时任校长的王生洪表示，将在 3 年内在校内操场北面建设一栋在全国高校建筑中规模与功能都超前的智能化大楼；2000 年 4 月的 11 天里，邯郸校区东部规划设计出 8 个方案；同年 9 月，最终方案得以确定；2002 年 12 月，光华楼正式动工；2005 年百年校庆纪念日，光华楼落成典礼举行。不足 6 年的时间内，杨浦区又一标志性建筑物在复旦校园中熠熠生辉。

简约而典雅的双子塔

光华楼以新古典主义的风貌，身姿挺拔地矗立在茵茵绿草前——古典的繁杂雕饰得到简化，形式利落的棋盘线条与现代的材质相结合。驻足于此，能强烈地感受传统的历史痕迹与浑厚的文化底蕴。光华楼，在兼容华贵典雅与简约现代中，为我们呈现出多元化的建筑形式。怀古的浪漫情怀，后工业时代个性化的美学，高雅的文化品位，使之俨然成为复旦校园的一处人文胜景。

双子塔中间连接的透明球体宛如旭日从山峰间升起。东西两塔楼高大，引起光华楼附近空气的对流强烈，春夏秋冬都可切身感受到强大的风流。教室、科研基地、办公区、学生广场和教师沙龙等师生交流场地皆囊括其中，形成富有特色的文化中心。

光华楼的区域功能划分清晰：塔楼部分为办公区，塔楼中间连接体为资料阅览、展览区，东侧裙房为接待、会议、科研区，西侧裙房为教学区。东西二塔楼及中部连

图 4-2
光华楼远景

接处各自设单独的出入口，各部分既连为一体，又各自独立，可分可合。其中中部办公区为大楼主体，靠近主入口，且与其他各部分均能方便地联系，地下一、二层设大型停车库，以缓解学校停车难的问题。

在满足办公、科研、教学、会议、接待等功能的前提下，光华楼考虑了较多的交流、休闲空间的设置。中部二至三层设计了两层的共享空间，沿墙放置了不少小型桌椅，可供自习、交流，将严谨的治学精神延伸至室内。在主楼十三至十五层中部，设计了一个中庭，顶部设半圆形玻璃天顶采光，体现了身处高楼与自然亲密接触的愿望。

光华楼前是一片草坪，被学生们称为“光草”。阅读思考、聊天讨论、班级内建、社团活动……它承载了复旦学子太多的校园回忆。

图 4-3
光华楼罗马柱

每年六月的光草上，一批批复旦学子就是在这里，以光华楼为背景将学士帽扔向天空。光华楼与光草一起，被写进了一首首复旦歌谣中，珍藏进毕业生们的复旦相册里。

（撰稿：复宇）

復旦大學

复旦大学
奕住堂

标　　签：

上海市爱国主义教育基地

地　　点：

复旦大学邯郸校区

建筑特点：

中国古典复兴风格建筑

建成时间：

1921 年

建筑赏析：

奕住堂与简公楼、第一学生宿舍组成品字布局。该建筑由美国建筑师亨利·墨菲（Henry Killam Murphy，1877—1954）设计，砖混结构，双层三开间单檐歇山顶，屋面墙体运用中式装饰符号，属其对中国古典复兴风格的探索，有中国宫殿式特征。初作图书馆与办公处用，总共 8 个房间。1929 年扩建两翼，由矩形改为 H 形平面，墙垛清水砖，四面歇山，八角飞檐，保持原风格。抗日战争期间被日寇破坏，后得修复。20 世纪末失火，修缮后改作档案馆，2005 年改作复旦大学校史陈列馆。

百年基业　历时重生

图 5-1
1921 年新建成的奕住堂

复旦大学校史馆俗称“700 号楼”，早年又名奕住堂、仙舟馆，是复旦大学 1922 年搬至江湾校区时最早建成的三幢建筑之一，也是现今复旦校园内保留原貌的最早的建筑。

于平畴中落成

1905 年，马相伯创办复旦公学，1917 年复旦公学改名为私立复旦大学。当时复旦大学借徐家汇李公祠办学，李公祠系旧式祠宇，地方狭小，而且位于公共租界与华界的交界地带，出门便是租界灯红酒绿之处，学生容易被不良习气浸染，不利成才。为了寻找一片宁静的校园，奠定百年基业，时任校长李登辉把目光投向了他的出生地——南洋。

为筹建新校园，1918 年 1 月 23 日，李登辉乘“三岛丸”号船赴印尼、新加坡等地向华侨募捐，校长一职暂由校董唐露园代理。李登辉在南洋反复向华侨宣传教育救国的理念，并以美国有产者热心资助教育，使耶鲁大学、哈佛大学、哥伦比亚大学、芝加哥大学等校发展成世界著名大学的例子，劝说：“苟能以美国煤油大王洛克君为法，捐资兴学，创设如上所述之大学，则莘莘学子获益固匪浅鲜，而国民程度增高，国际地位亦随之而高，行见国权奋张，莫予敢侮矣。”李登辉创办教育事业的热忱使华侨们深为感动，大家纷纷解囊相助。半年间，李登辉从南洋共募得 15 万银元，先后在江湾购地 70 余亩。但除了购地之外，还需要高达 30 万银元的建筑费用，仍然要靠募捐来解决。当时，在国内开展募捐十分困难，李登辉起初备遭冷遇，后经董事长唐绍仪协助，李登辉聘请南洋兄弟烟草公司简照南、简玉阶兄弟和中南银行总经理、华侨银行家黄奕住为董事，获得捐款 6 万银元。

90 多年前的江湾校址，还是一片荒野平畴，非常荒凉。1920 年 12 月 18 日，复旦就在这片新购土地上举行了新校园奠基典礼。

奕住堂以华侨银行家黄奕住先生命名，于 1921 年落成。资料显示，奕住堂由教会大学建筑“宫廷化”倾向的代表人物，毕业于耶鲁大学建筑系的美国建筑师亨利·墨菲设计。墨菲在中国的第一个作品是 1914 年的清华大学扩建工程，他还做过燕京大学、湖南雅礼大学、沪江大学等校园的规划设计。在奕住堂的设计方案中，墨菲采用混凝土来模仿中国古典建筑的木结构柱子，用铁件制造中国式的花格窗，将中国古典建筑符号运用到屋顶和墙体，使得中西合璧式建筑的外部造型特征更加中国化。

建成后的奕住堂是学校办公楼兼图书室，图书室在一楼。奕住堂和同年建成的教学楼简公堂（以南洋兄弟烟草公司简氏兄弟命名）以及第一学生宿舍分别在一个长方形空地（后发展为操场，今相辉堂前大草坪）的南、西、北 3 处周围，是老校址矗立起的最初三幢校舍，互成品字形，类似欧美大学的校园格局。这一四方形的建筑格局一直保留下来，至今仍为整个复旦校园最具人文气息的所在。

1922 年春，复旦大学从徐家汇李公祠迁入江湾新址，终于结束了 17 年漂泊无定、借地办学的历史，有了真正属于自己的校园，学校步入快速发展期。

1923 年《复旦纪念刊》上曾有张耀彦以《复旦八景》为题，歌咏那时的校园风光的文章，其中第八景《梅林皑雪》中的"老梅数十本……南枝初绽，瑞雪纷飘，开窗遥望，几疑玉宇琼楼前遍植玉树"，就描写了奕住堂前梅花满枝头、雪花共纷飞的美景。

在"合作"中扩建

随着学校规模的扩大、师生员工的增加，学校准备单独建一座图书馆。1924 年 1 月 22 日，复旦行政院第一次会议决定：全体教职员将本年薪金的十二分之一捐给学校，充作图书馆的建设经费。但经费还是远远不够，校方又决定到社会上筹集，但捐款数仅为计划数的三分之一，不得已只好将奕住堂扩建后作图书馆用。同时，学校办公处迁出。

1929 年 7 月，奕住堂扩建两翼，由原来的正方形扩建为 H 形，工程由陆隆盛营造厂承包。1930 年 1 月 15 日，图书馆扩建工程完成，落成典礼与第 20 次毕业典礼同日举行。建成后的图书馆共有房间 15 个，面积 485 平方米，可容纳 200 人。

1930 年 6 月 30 日，在校务会议上，章益教授提议、孙寒冰教授附议：合作事业导师薛仙舟（1877—1927），在校讲授合作经济多年，使本校成为合作运动的发源地，建议将新添的两翼的图书馆命名为"仙舟图书馆"（简称仙舟馆）。此项提议作为庆祝校庆 25 周年的一项内容，获校务会议一致通过。当时的复旦大学在学术界被誉为我国合作运动的摇篮，这是因为有薛仙舟长期执教于复旦的缘故。薛仙舟从德国留学归来后，于 1913 年受聘来复旦执教。鉴于积贫积弱的中国特别需要人与人之间的合作互助，他倡议开展"合作运动"，于 1914 年开设"合作主义"课程。为实践合作运

图 5-2
1929 年添建两翼后的奕住堂

动的理想，他 1918 年在校内筹设合作商店（是我国最早自负盈亏、互助互济的合作社）；1919 年在复旦创设国民互助银行（是我国最早开展存贷业务、互惠互利的信用社）；1920 年五一劳动节创办的《平民周刊》成为五四时期有影响的刊物之一。薛仙舟在复旦执教时，李登辉校长非常器重他，有重要决定首先与他商量，还畀以教务长之职。

仙舟图书馆建成后，校方还请复旦校友、当代“草圣”于右任先生题写馆额。由于于老写的草书龙飞凤舞，不易辨认，加上许多新同学不知“仙舟”其人，误认为是“傻瓜”二字，致以讹传讹，流传甚广。于是仙舟图书馆便有了“傻瓜馆”这样一个有趣的外号。但复旦学生乐意到图书馆去当“傻瓜”埋头读书，不以为讥，反以为荣。有位同学甚至写了一副对联贴在床头——“宁去傻瓜馆，不入百乐门”（百乐门在静安寺附近，是当时远东最著名的舞厅），这也是复旦学生发奋读书、严于律己的生动写照。

于战火后重生

抗日战争期间，复旦迁至徐家汇附中（今复旦中学）继续上课。江湾校舍先后 3 次被日军占领，仅房屋破坏、校具损失即达 6 万银元之巨。当时，仙舟馆东侧屋顶被日军炮弹掀去一角，而与仙舟馆同年落成的学生第一宿舍也不幸被日军炮火击毁。抗战胜利后，迁校重庆的复旦师生回沪，仙舟馆得以修缮并恢复原貌。

图 5-3
2005 年经修缮改装后的奕住堂

1952 年全国院系调整之后，复旦各个院系学科重组，校内的建筑也重新编号分配，仙舟馆改称“700 号”。1958 年，新的图书馆（今理科图书馆）建成后，“700 号”先后成为中文系、经济系的办公地点。吴中杰教授在《复旦往事》中回忆：“仙舟馆是抗战前的旧建筑，我们上学时，它是校图书馆，每天晚饭后，许多学生都到这里抢位置，管理员是一个小老头，他晚上上班时总要竖起右手，分开拥挤的人群，才能把大门打开。1958 年，新图书馆落成，仙舟馆成了中文系办公楼，不久又将楼下划归经济系，直到 1987 年文科大楼建成，中文系才完全迁出。仙舟馆见证了中文系的沧桑。”

20 世纪末，“700 号”因电线老化引起火灾，屋顶受损，修复后一度作为校档案馆，2005 年百年校庆之时，改作校史陈列馆。为不忘前贤，乃于门前勒石“奕住堂”三字，以示纪念。

如今，奕住堂内陈列着复旦大学的百年历史，而奕住堂本身作为复旦校园内保留原貌的最早的建筑，也是一件珍贵的展品。它见证着复旦百年来的发展，并将陪伴着复旦迎来一个又一个辉煌的明天。

（撰稿：严玲霞）

文治堂

上海交通大学
文治堂

标　　签：

文化传承的艺术殿堂

地　　点：

上海交通大学徐汇校区

建筑特点：

准现代主义风格建筑

建成时间：

1949 年

建筑承载大事记：

护校运动（1948），上海各界青年纪念“五卅”大会（1949），上海大学生管弦乐团成立（1996）

建筑赏析：

上海交通大学文治堂由大元建筑工程公司承建，为纪念唐文治校长掌校之功而得名，当时是上海早期现代主义建筑的代表作。文治堂为两层钢筋混凝土结构建筑，内部大厅采用钢桁架支撑石棉瓦屋顶，经济坚固，最多能容纳 2000 人。外墙刷浅黄涂料，正立面贴大理石面砖，以挑檐和台阶突出中央门廊入口处，两翼对称，显得端庄稳重。建筑在 1954 年、1979 年和 2000 年经历过改建和修缮，更新功能的同时，也保持着传统的历史面貌与特色。

芝兰德馨　芬芳依旧

图 6-1
新文治堂全景

在交大徐汇校区体育场西侧，教学办公与后勤服务的枢纽地带，有一座简洁浑厚、自然朴素的建筑——文治堂。它于 1949 年竣工，是上海解放前交大建造史的收官之作，也是交大艺术的七彩殿堂，更是唐文治老校长文理兼通教育理念的传承。

追忆先贤
感悟育人之道

在交大百余年的历史中，徐汇校区先后有过两个礼堂：文治堂和新文治堂。第一个文治堂是 1900 年上院落成时，在其后部中央的可容纳 500 人的小礼堂。当时为了纪念唐文治（1865—1954）校长，就将它命名为文治堂。唐文治是我国著名教育家、文学家，有“国学大师、工科先驱”之称号。他自 1907 年任交大校长，执掌校印达 14 年之久。在交大期间，他创设铁路、电机、航海、铁路管理、土木等专科，着力培养“求实学、务实业”的“一等人才”，这也奠定了交通大学和近代中国工科大学的发展基础。唐文治校长还高度重视国文教育，倡导人文教育，提倡以文养德、以文促德的理念，探索科学与国学并重的大学教育模式，培养了一大批文理兼通的大家。“人生惟以廉节重，世界全靠骨气撑”是唐文治校长亲自书写的联语，至今仍悬挂在文治堂内，以警示众人要注重培养学人的道德修养和对国家民族的社会责任。因此文治堂也可以说是唐文治校长文化教育理念的代表与传承。

1912 年底，辛亥革命胜利，孙中山先生辞去临时大总统职务，着手中国实业建设和交通道路事业。12 月下旬，他应时任交通大学校长的唐文治之邀莅临交大，在文治堂发表了近两个小时的演讲，向学生们描述了“全国 20 万公里之铁路”的构想，并提出尤其要修设横跨国内南、北、中的 3 条铁路大动脉。在这一建设蓝图和实业思想的影响下，一些学生从此以铁路建设与管理作为自己毕生的事业追求。

1946 年，原文治堂已不能满足当时师生的使用需求，因此在各地校友的捐款支持下，学校决定建造新文治堂。1948 年 12 月下旬，政府要将交大迁往台湾的传闻在校园内引起了广大师生的关注。学校地下党组织经过考虑，决定由学生自治会出面，动员同学寒假留校，以防止国民党利用假期将学校迁走并趁机抓人。为了宣传革命和排解外地学生的思乡之情，学生自治会组织了大规模的文艺汇演等活动，邀请赵丹、黄宗英、周小燕等著名演员和歌唱家来校演出。当时新文治堂在结构完成后，因经费不足尚未装修，同学们就自己动手，架电源、接水管、挂天幕、配玻璃、挂门帘、摆木艺，硬是将一个只有混凝土结构的空壳子建筑变成了可容纳千余人坐着开会、欣赏演出的剧场。

图 6-2
新文治堂奠基

见证荣光
共谱青春之歌

作为交大的会议、演出、放映中心，文治堂见证了交大师生在历次重大历史事件中的群情激昂，也承载着学校的文化艺术迈向更高层次的目标。

1949 年 5 月 27 日上海解放，素有“民主堡垒”之誉的交大校园一片欢欣鼓舞。6 月 1 日，上海各界青年纪念“五卅”大会在文治堂召开，时任中国人民解放军上海市军事管制委员会（简称上海市军管会）主任、上海市市长的陈毅莅临学校，看望师生，首次公开会见上海地下党同志及广大群众，并发表讲话。6 月 15 日，交大全体师生在新文治堂隆重举行大会，军代表唐守愚宣读了由上海市军管会主任陈毅和副主任粟裕共同签发的军管会第一号令，希望交大师生能一如既往地发扬革命斗争精神，为建设新中国、新上海而奋斗。

此外，文治堂与校园内方方面面的大小事务息息相关，一直是学校举办重要会议和庆典的主要场所，为校园文化建设发挥了巨大的作用。上海民族乐团、上海合唱团、上海芭蕾舞团、上海电影乐团等都来此演出过。文治堂舞台上先后诞生了交大学生艺术团和上海大学生管弦乐团。20 世纪 80 年代以来，学生艺术团进一步发展，设有舞蹈队、管乐队、弦乐队、合唱团、民乐队、话剧队等，成员达 170 余人，时常配合各项大型活动进行汇报演出。1996 年，上海大学生管弦乐团在校学生管弦乐队的基础上成立了，聘请著名指挥家曹鹏为艺术顾问，还出访欧洲演出，这标志着交大学生的艺术活动迈向了更高的水平。

与时偕行 守护文化之魂

2017 年来，上海交通大学进一步推进校园文化建设，努力将中华优秀传统文化融入学校文化，让学生领悟其中蕴含的思想观念、人文精神和道德规范，牢固树立文化自信。“堂[TANG]·世界博物馆馆长文博讲堂”在文治堂应运而生，品牌聚焦人文、历史与文化再创造，邀请来自世界各国的著名博物馆馆长及文博领域专家从历史范畴、文化传承和跨文化交流的视角讲述博物馆里的藏品故事、治馆理念与文化融合的观念，打造传承中华优秀传统文化的高品质平台。至今为止，“堂[TANG]”已成功举办 9 期，通过生动的讲座、形式多样的展览和线上线下的衍生产品，多层次向观众展示数千年中华优秀传统文化的博大精深。原故宫博物院院长单霁翔、台北“故宫博物院”前院长周功鑫、原敦煌研究院院长王旭东、南京博物院院长龚良和上海博物馆馆长杨志刚等顶尖博物馆掌门人都受邀来到文治堂，带领大家领略伟大的人类文明及中华文明精髓，激发师生们对于传统文化传承与发展的思考。

承载着唐文治老校长殷切期盼的文治堂在经历了岁月的沉淀和时光的洗礼后，依然容光焕发，一如往日风采。今天的文治堂仍不时为莘莘学子奉上精妙绝伦的文化与艺术盛宴，丝竹之乐与嘹亮歌声伴随着百年回响从古朴的窗棂传出，飘荡在交大的校园中，人文精神与自然科学便在此刻交融碰撞，传统文化与现代文明也于此时绽放芳华。

（撰稿：孙萍、何芳宇）

上海交通大学中院

标　　签：

上海近现代高等教育的发源地

地　　点：

上海交通大学徐汇校区

建筑特点：

英式维多利亚风格建筑

建成时间：

1899 年

建筑承载大事记：

学生风潮（1902），护校运动（1911）

建筑赏析：

上海交通大学中院由美国人福开森（John Calvin Ferguson，1866—1945）督造，是建校后第一个教学楼建筑。建筑采用英式维多利亚风格，外立面为西方传统的三段式结构，一层为简洁的拱券门廊，古典开放；南北屋面均有老虎窗，屋顶对称分布 8 个砖制的烟囱，与室内壁炉相连；两翼山墙雕饰华丽，形成了富有韵律的屋面装饰。外墙面主要为清水砖墙，每层均有两条红砖束腰。中院外部建筑型制仍基本保持原来样式，镌刻着诸多历史元素，具有宝贵的历史价值。

跨越三世 与时舒卷

图 7–1
中院正面

从华山路上的正门进入上海交通大学徐汇校区，中央大草坪如波的绿茵映入人们的视野。位于草坪北面的中院，是学校最古老的建筑。这座建成于 19 世纪的教学楼，既是上海交大百年校园的历史原点，也是上海高等教育的缩影。

百年沧桑
难掩峥嵘风骨

中院是一座清水砖墙的建筑，有着古朴典雅的外廊式造型。无论是入口踏步处的石制垂带，还是主楼梯上的雕花木饰，都洋溢着 19 世纪末的古典气息。三楼中央阳台的外侧墙面上镶嵌着一块长 2.5 米、高 0.6 米的石板，镌刻着“南洋公学中院”6 个庄严工整的大字，上面所贴的金箔残底至今犹在，四周还围有一圈藤枝蔓草饰纹。这几个字曾在经年累月的维修和粉刷中被掩盖，直到 1998 年中院大修，才在无意中被发现，后经仔细清

图 7-2
南洋公学中院楼铭

理，才得以重现于天光之下。

中院是学校创始人盛宣怀和公学第一任总理（即校长）何嗣焜为南洋公学选址后决定建造的第一座建筑。由公学监院、美国人福开森亲自设计并督造。中院于 1898 年破土动工，历时一年建造完成，东西长 60 米，南北深 30 米，高 21.48 米，建筑面积 4950 平方米，造价 49926.2 两银元。这在当时的中国是一幢体量很大的建筑物，属于“大手笔”的作品。

图 7-3
交通部南洋大学时期的中院

新学起点
满载桃李春风

中院不仅是一座庞大的建筑，更是一个缤纷的教育世界。它集教学、办公、食宿于一体，如同一个浓缩的新学教育小社会，记录下中国人自主创办近代新式学校的典型实践。

中院的一楼设有化学实验室、食堂，二楼全部为教室，三楼是宿舍。随着学校的发展，化学实验室规模不断扩大，到 20 世纪 30 年代，中院已设有 7 个不同功能的化学实验室，各种实验仪器非常齐全，药品亦随时添

图 7-4
物理化学实验室

置。作为当时南洋公学主要的教学楼，师范班、特班、政治班和公学的一些办事机构都曾使用过这幢大楼。大名鼎鼎的教育家蔡元培先生于1901年受聘出任南洋公学特班总教习时，就住在中院三楼60号。他常常晚间约两三位同学来宿舍谈话，讨论学业问题。

在中院接受过教育的知名校友数不胜数。有写下“长亭外，古道边，芳草碧连天”的李叔同，这位中国近现代文化艺术史上的传奇人物就曾就读于南洋公学特班，在中院留下了他遨游学海的足迹。著名新闻工作者邹韬奋先后就读于本校附属小学、中学，亦在中院留下了他勤奋求学的身影。此外，还有知名民主人士黄炎培、邵力子，著名学者谢无量，教育家孟宪承、廖世承、胡敦复，物理学家胡刚复，数学家胡明复，文学家陈源，影剧艺术家洪深，金石学家马衡，经济学家祝百英、沈志远，翻译家高尔松等，当年都曾在中院学习、生活过。

革故鼎新
引领社会思潮

悠长岁月中，中院也发生过许多意义重大的历史事件。交大历史上最早的一起学生风潮“墨水瓶”事件便发生在这里。1902年，五班文课教习郭镇瀛因其座椅上放置的一个小小墨水瓶而故意发难，致校方开除无辜学生伍正钧。此举引起全校学生极大公愤，当即罢课集会，特班总教习蔡元培出面与校方沟通无果，遂有200余名学生集体退学。这次南洋公学学生反专制抗争活动实属“中国学生社会一大劈头之大纪念”，得到了社会进步舆论的极高评价和大力支持。《新民丛报》评价说：“是舍己为群主义之托始也，是尤为吾国学生社会之特色。”待到1911年武昌起义胜利之时，听闻清廷军警放下武器的全校爱国师生们欣喜若狂，在中院的楼顶插上了旗帜，拥护上海光复。新思潮的来临和时代的变迁，都在中院留下了痕迹。

从1899年到2020年，从南洋公学到上海交通大学，中院在跨越三个世纪的时空中以典雅之姿静观沧海桑田，以明眸慧眼见证教育变迁。如今的中院在赓续昨

图 7-5
中院侧影

日荣光的同时，也不忘担当今日之使命、怀揣明日之期冀，于春风化雨中继续谱写薪火传承、思源致远的华丽乐章。

（撰稿：孙萍、何芳宇）

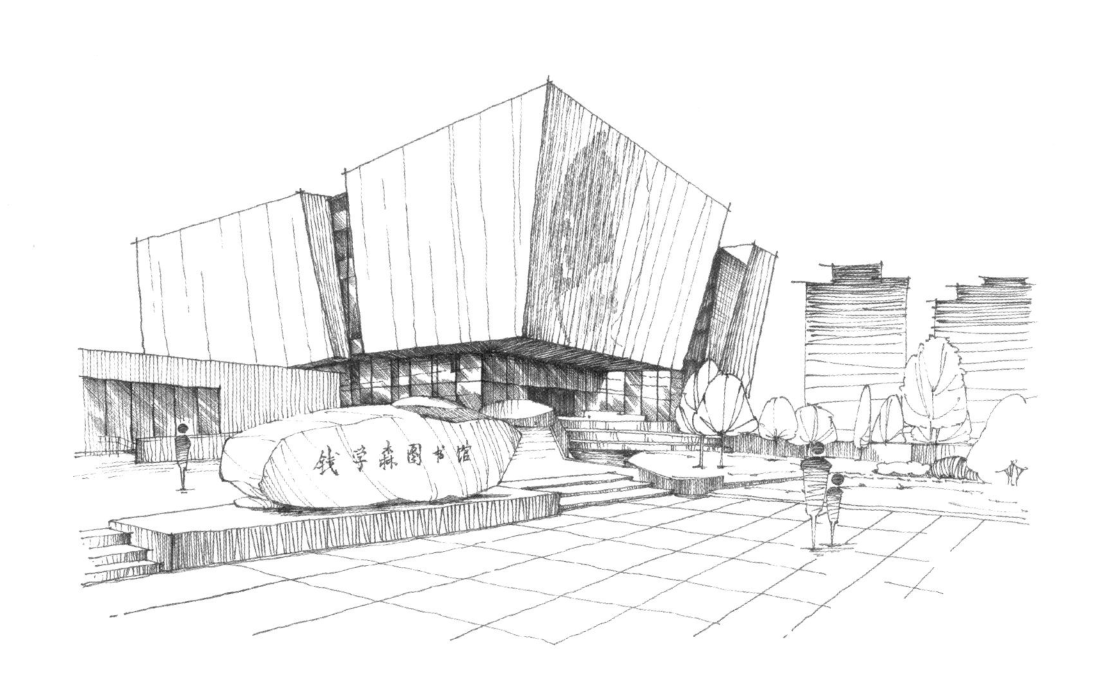
钱学森图书馆

上海交通大学
钱学森图书馆

标　　签：

全国爱国主义教育示范基地、全国科普教育基地、国家国防教育示范基地

地　　点：

上海交通大学徐汇校区

建筑特点：

现代主义方鼎式赭红色建筑

建成时间：

2011年

建筑赏析：

上海交通大学钱学森图书馆由何镜堂院士设计，以“大地情怀、石破天惊”为设计理念，纪念科学巨擘钱学森辉煌的一生。图书馆整体为方鼎式赭红色建筑，主体“方石”是钱学森工作场地戈壁滩风蚀岩意象的抽象表达，沿校园道路开始迸裂，面向城市展开最大的V字形玻璃面裂缝，透出导弹实物；外墙通过红砖不同纹理密度的处理，刻画出钱老的肖像。建筑功能集收藏、展览与学术交流为一体，以钱学森的精神品格不断激励着后来人。

筑梦星河　守望空天

图 8-1
钱学森图书馆全貌

在拥有百廿历史的上海交通大学徐汇校区，一座简洁庄重、别具一格的赭红色建筑格外引人注目。从远处眺望，沉稳方正的建筑外形恰似戈壁滩上的风蚀岩，苍劲厚重；从高处俯瞰，内嵌玻璃幕墙的“风蚀岩”仿佛开裂的金石，“裂缝”中一枚导弹剑指苍穹；从正面端详，建筑外墙上的浮雕凸现出一位老者睿智慈祥的笑容，他就是享誉海内外的杰出科学家和我国航天事业的奠基人——钱学森。这座以“大地情怀、石破天惊”为设计理念的独特建筑，就是为纪念钱学森所建造的钱学森图书馆。

多方瞩目
共襄盛举

“在他心里，国为重，家为轻，科学最重，名利最轻。五年归国路，十年两弹成。他是知识的宝藏，是科学的旗帜，是中华民族知识分子的典范。”作为科学巨擘和学术泰斗，钱学森赢得了中国和世界的敬仰，也成为母校师生永远的骄傲。

2002 年 11 月，钱学森的母校上海交通大学提出在校园内建设一座钱学森图书馆的倡议，得到了有关部门及钱学森家属的赞同，更得到了中央领导的亲切关怀和大力支持。随后，在中宣部的主持下，国家发改委、教育部、财政部、文化部、总装备部、国防科工委和上海市政府与上海交通大学等多次就钱学森图书馆建设的有关事宜进行协调研究，并于 2005 年 5 月 18 日由中宣部下达了《筹建钱学森图书馆工作方案》，钱学森图书馆建设工作就此拉开了序幕。上海交通大学对建设钱学森图书馆非常重视，专门成立由校党委书记马德秀、校长张杰担任组长的钱学森图书馆建设工作领导小组，并成立建设工作指挥部，紧锣密鼓地展开了钱学森图书馆建设工作。建设过程中，钱学森图书馆得到了社会各界的广泛关注和大力支持。钱老的家人、钱老曾经工作过的各个单位都捐赠了大量宝贵收藏。钱学森图书馆的整体建筑规划由中国工程院院士、世博会中国馆设计者何镜堂教授挂帅。图书馆整体建筑庄严、厚重，仿佛大西北戈壁滩上的风蚀岩伴着沉闷的轰响四面裂开，一枚导弹即将升腾……

2010 年 6 月 6 日，钱学森图书馆奠基仪式隆重举行，时任中共上海市委副书记、市长韩正，教育部、总装备部等部委分管领导出席奠基仪式。

2011 年 11 月 14 日，时任中共中央政治局常委、中央书记处书记、国家副主席习近平，时任中共中央政治局常委、国务院副总理李克强等中央领导同志分别来到北京中国国家博物馆，参观以钱学森图书馆基本陈列内容为基础精简而成的“人民科学家钱学森”事迹展览。

2011 年 12 月 11 日，钱学森百年诞辰之际，钱学森图书馆正式建成，对外开放。中共中央总书记、国家主席胡锦涛对钱学森图书馆建成开放作出重要批示。他强调，建立钱学森图书馆是一件很有意义的事情，要充分发挥这个图书馆在开展思想教育、普及科学知识、培养优秀人才等方面的积极作用，进一步引导广大干部群众，特别是青年教师和学生，努力学习钱学森同志爱党爱国的政治品格、严谨求实的科学态度、开拓进取的创新精神、无私奉献的高尚情操。

建馆以来，钱学森图书馆始终秉承开展思想教育、普及科学知识、培养优秀人才的初心，经过多年发展逐渐成为钱学森文献实物收藏管理中心、学术思想研究中心、科

图 8-2
初心如磐　使命在肩——上海市教育卫生工作党委系统庆祝新中国成立 71 周年暨迎接建党 100 周年爱国主义教育活动

学成就和崇高精神的宣传展示中心，犹如一座大地上的丰碑。通过馆内展出的 1.5 万件实物、图片和文献资料，以及展览、讲座等各类形式多样的主题活动，向世人展现钱学森的百年追梦人生以及他为祖国之崛起、民族之复兴所作出的卓越贡献，引导公众感悟“人民科学家”的爱国情怀、领略“战略科学家”的科学精神。

筚路蓝缕 以启山林

走进钱学森图书馆序厅，红色立体造型“升腾的智慧”如同一朵巨大的蘑菇云向天际升腾。4015 页手稿，象征着钱学森从 1955 年回国到 1966 年“两弹结合”试验成功所经历的 4015 个昼夜。红色、放射、裂变、升腾着的手稿就如同钱学森爱国、奉献、智慧的化身，仿佛燃烧的火炬点亮苍穹，象征着钱学森以他的爱国情怀和超凡智慧，

图 8-3
钱学森图书馆序厅艺术造型“升腾的智慧”

为祖国的航天事业照亮前程。

在钱学森图书馆 6.1 万余件馆藏珍贵文献、手稿、照片和实物中，最多的藏品就是手稿。作为钱学森图书馆最有特点、最具代表性的藏品，手稿是钱学森智慧的缩影、勤奋的硕果和汗水的结晶。以“手稿”作为线索贯穿全馆，是钱学森图书馆展陈的特色。纵观图书馆“中国航天事业奠基人”“科学技术前沿的开拓者”“人民科学家风范”和“战略科学家的成功之道”4 个专题展厅，“手稿”始终以各种形式穿插其中，成为展览的一条主线。

在第一展厅“中国航天事业奠基人”里，钱学森回国后起草的首份报告原稿静静地陈列在玻璃展柜之中。1956 年 2 月，钱学森回国后起草的第一份报告《建立我国国防航空工业的意见书》（以下简称《意见书》）送到了周总理的办公室。当时为保密起见，行文间用“国防航空工业”这个词

图 8-4
《建立我国国防航空工业的意见书》

来代替火箭、导弹和后来的航天科技。《意见书》提出了中国火箭、导弹事业的组织方案、发展计划和一些具体措施；开列了可以调来参与这一事业的21位高级专家名单；指出了健全的国防航空工业需要制造工厂、研究及试验单位和作长远及基本研究的单位。

钱学森的《意见书》是中国导弹事业的奠基之作，为中国火箭和导弹技术的创建和发展提供了极为重要的实施方案，受到了党中央的高度重视。1956年3月14日，周恩来总理亲自主持召开中央军委会议，安排钱学森在会议上报告发展中国导弹技术的设想和初步规划。4月，中央根据钱学森的建议，成立了导弹、航空科学研究的领导机构——航空工业委员会，并任命钱学森为委员。10月，中国第一个导弹研制机构——国防部第五研究院成立，钱学森任首任院长，肩负起我国火箭导弹和航天器研制的技术领导重任。

在随后的日子里，钱学森主持完成了“喷气和火箭技术的建立”规划，参与了近程导弹、中近程导弹和中国第一颗人造地球卫星的研制，直接领导和参与制定了用中近程导弹运载原子弹“两弹结合”试验，主持了我国导弹卫星总体发展蓝图的规划发展，使中国航天事业走出了一条既适合国情又有自身特点的正确的技术发展道路。1960年11月，中国第一枚仿制的近程导弹发射成功。1964年6月29日，中国第一枚改进后的中近程导弹发射成功。1966年10月，“两弹结合”发射试验成功进行。1970年4月，第一颗人造地球卫星“东方红一号”升空……

如今，《意见书》已经在玻璃橱窗里泛黄，而从这份手稿起步的中国航天事业却正如日中天。中国航天事业从“两弹一星”起步，到如今神舟十一号载人飞行任务获得圆满成功，嫦娥四号传回人类首张月背影像图，首次火星探测任务无线联试圆满完成……站在钱学森和其他老一辈科学家的肩膀上，中国人得以仰望头顶那片更加辽阔深邃的星空。

艰难困苦 玉汝于成

走过钱学森图书馆序厅，经过铜铸钱学森塑像，就来到了矗立着DF-2A中近程导弹实体的圆厅。从地下一层直指蓝天，钱学森图书馆“石破天惊”的造型和寓意，就由这枚导弹的矗立来体现。这枚由解放军原第二炮兵部队（今火箭军）赠予的中近程导弹改进型实体全长 21.3 米，重 4.18 吨，最大射程 1500 千米。1966 年我国进行导弹与原子弹“两弹结合”试验，使用的就是这一型号的导弹。作为钱学森图书馆的“镇馆之宝”，这枚导弹浓缩了钱老以及我国几代科技工作者艰苦卓绝的奋斗历程，凝结了老一辈科学家的心血，更是我国国防事业不断发展的见证。

图 8-5
钱学森图书馆镇馆之宝——东二甲中近程导弹实体

1964 年 10 月 16 日，中国成功引爆了第一颗原子弹，腾空而起的蘑菇云让全世界为之震动。然而，这一颗原子弹却是被固定在铁架上引爆的，西方媒体用了一句“有弹没有枪”来形容中国虽有原子弹，但打不出去的现实。

应该怎么打破这个局面？最好的“枪”就是导弹。钱学森提出，以多次成功试发的中近程导弹为基础，研制运载核弹头的核导弹，这便是后来无人不知的“两弹结合”创举。在周恩来总理、聂荣臻元帅等的亲自领导下，以钱学森为首的新中国科技工作者暗下决心：“用导弹把原子弹打出去，用行动来回答舆论的挑战！自力更生，自行研制弹道导弹。”钱学森率领五院，开始了对“东风二号”导弹的改良。历经千难万苦，导弹终于研发成功。1966 年 10 月 26 日，“DF-2A”与原子弹正式对接的时刻，聂荣臻和钱学森来到现场，亲自督阵。试验开始的瞬间，导弹携带原子弹弹头从甘肃酒泉腾空而起，精确命中 800 千米以外新疆罗布泊的目标……伴随着闷雷般轰隆隆的核爆声，巨大的蘑菇云腾空而起，我国导弹核试验获得巨大成功！新中国结束了核武器“有弹无枪”的历史！消息传出，震惊全球！而钱学森的名字也被镌刻进了这段可歌可泣的岁月。

这枚导弹就是那段历史、那个时代最忠实的见证！最辉煌与最危险的时刻，凝结成不平凡的历史瞬间，在此定格。“我将竭尽努力，和中国人民一道建设自己的国家，使我的同胞能过上有尊严的幸福生活。”这句简单而有力的话语，是钱学森终其一生爱国奉献的最大精神动力，更成为他追寻一生的“科学报国”之梦。

从起初的步履维艰到征服星辰大海，以钱学森为代表的科学家和科技工作者为中国的航天事业呕心沥血、鞠躬尽瘁，他们的奉献精神与家国情怀激荡了民族心魂，凝聚了华夏意志。钱学森图书馆的建立既是为铭记大师之功勋，亦是为传承其精神、发扬其品德、延续其理想。那些珍贵的手稿、一封封往来信件、浩如烟海的文献无不在诉说着那段光荣岁月，也吸引着无数人来此追忆、缅怀。

（撰稿：傅强、何芳宇）

工程館

上海交通大学
工程馆

标　　签：

上海交通大学科技教育的启蒙地

地　　点：

上海交通大学徐汇校区

建筑特点：

装饰主义风格建筑

建成时间：

1931 年

建筑承载大事记：

落成典礼暨工业及铁道展览会（1933），成为国家重点实验室（1978）

建筑赏析：

上海交通大学工程馆由匈牙利建筑大师邬达克（Laszlo Hudec，1893—1958）设计，是一栋典型的装饰艺术风格建筑。建筑为二层钢筋混凝土结构，口字形平面，中间为宽敞的内庭。建筑立面构图强调明确的竖向线条，带有简化的哥特式特征。外墙由红砖砌筑，白色壁柱凸出墙体且断面呈锯齿状，贯穿楼层；采用七层叠涩，退进的“四分头”砖砌手法强化主入口，后院的门上部有尖券式长窗。建筑在 1960 年被加建成三层，2002 和 2011 年被进一步改建和修缮，以更加适应现代化教学。

豪华落尽　始见真淳

图 9-1
工程馆正面

秉承先志
奠定人才之基

1926 年，交通大学举办 30 周年校庆。此时的交大已具备近代工科大学的雏形，为社会贡献了不少工程巨子，时任校长凌鸿勋计划效仿外国名校，创设工业研究所，从事各项工程研究，以开辟工业教育的新途径，为国家和社会服务。经校友募捐和铁道部资助，学校聘请了当时在上海名声大噪的匈牙利籍建筑大师邬达克担任工程馆的设计师。

坐落在上海交通大学徐汇校区的工程馆是一座钢筋混凝土结构的二层楼建筑，底层设有机械、水力、金工、材料、电气、标本等各种实验室，上层设有教室、绘图室、演讲厅、仪器室、模型室、教授休息室等，集中满足了工业教学的需求，称得上是当时上海最现代化的实验室和工程教学楼。1935 年考进交大的傅景常入学后踏入此馆，见“楼上的阶梯教室舒适宽敞，宽大的石质黑板几乎与教室同宽。楼下各种实验室中有当时先进的各种机械、电机、电报、电话、传真等设备，还有汞光实验室，光芒四射”，感觉进入了科学殿堂，备受鼓舞。

1931 年底工程馆建成后，唐文治老校长曾受黎照寰校长之托为工程馆作记。唐校长在记中写道：“维余平日之志愿，在造就中国之奇才异能，冀与欧美各国颉颃争胜……”这座工程馆融入了两位老校长和其他老校友的拳拳之心和殷殷期盼。而交大学生也没有辜负前辈的厚望，1934 届机械系学生钱学森正是第一批“朝于斯、夕于斯”的有志学子之一，而 1947 届电机系学生江泽民也曾就读于此。

1933 年，在交大 37 周年校庆之日举行了工程馆的落成典礼，并同时举办了盛大的工业及铁道展览会，以资庆祝。整个展览会有实物、有模型，会上有人解说，有人操作表演，师生们还在校园内修筑了一条环形小铁路，吸引了众多中外来宾，盛况空前。交大希望通过这样的展览会，引起国人对工程及铁道事业的兴趣，促进技术及管理方法的进步，充实国防，努力加强抗日力量，并协助工商业发展。当时交大的地下党还借此机会散发抗日传单，引起不小的轰动。汪道涵是当年地下党的学生党员，他谈起这段往事仍十分兴奋。

图 9-2
工程馆旧影

群英云集
推动文化交融

新建的工程馆成为交大设施最为完善、设备最为先进的教学实验大楼，吸引了众多参观者，并成为不少学术团体或专家教授举办会议、学术报告、讲座的场所，极大地推进了学校的国际化办学。

工程馆曾先后接待过两位诺贝尔奖获得者。1933 年 12 月 7 日，无线电发明家马可尼夫妇周游世界途中抵沪，参观工程馆并在馆前右面空坪举行马可尼铜柱奠基礼。1937 年 5 月 20 日，丹麦物理学家、哥本哈根大学教授玻尔偕夫人和儿子到达上海，当天下午就到交大来讲学，这也是他在中国的第一次讲学。那天的工程馆外熙熙攘攘，大教室里挤满了慕名而来的学生，人太多，只好在过道上加座。报告完毕，玻尔还在黎照寰校长的陪同下参观了交大的物理实验设备，并对交大师生的科研精神表示赞赏。

1948年6月24日，著名原子物理学家钱三强教授莅临交大，在工程馆作学术演讲，讲题为“漫谈原子能”。

工程馆里不光讲学术，也讲国家大事，不少爱国人士、社会学家也常借用工程馆的演讲厅作报告。1933年4月3日，时甘肃省政府主席邵力子应交大工业及铁道展览会邀请，在工程馆二楼第一教室给学生作学术演讲，题为“西北问题”。他从西北国防、民族、政治、经济各方面阐述了开发西北之必要，希望交大学生以忍苦耐劳之精神去开发西北。受此感召，一些交大学子义无反顾地奔赴那荒无人烟的地方，甘做开拓西北的铺路石。

解放战争时期，工程馆的许多教室还变成学生开展革命活动的基地。

弦歌不辍
传承科学精神

1949年以后，工程馆主要用作学校的教学、实验区。在这些普通实验室里工作的教师也创造了许多科研成果与奇迹。

在工程馆的东北角有一片由一间锅炉房扩建的实验室，乃是我国著名的国家重点实验室、博士后流动站——上海交通大学振动、冲击、噪声实验室。我国常规潜艇推进装置的减振降噪改进设计，就出自这个实验室的技师专家之手；我国第一艘核潜艇的推进系统与推进系统的防冲、减振、降噪的原始设计、部件试验及实测改进，也来自这里。实验室的专家、学者们创建了中国第一个覆盖面涉及动力机械、工程机械、结构力学、材料学、控制学、声学等众多学科的新学科，为解决国家和国防建设中的有关重大关键技术难题作出了卓越的贡献。以这个实验室为基地的科研成果曾获得国家科技进步一等奖2项、三等奖2项，光华科学基金一等奖1项，国家部委级奖40余项。该实验室是由原校长朱物华院士和1956年响应周总理

图 9-3
交通部南洋大学机械试验室

号召、从美国留学回国的骆振黄教授以及从英国帝国理工学院进修回国的徐敏教授领导的小组发展建设而成的。涌现出这么多的科技奇迹，这其中需要多么强大的钉子精神和拼搏精神！

这也让我们想到了为了国家富强而上天、入地、下海的交大人：隐姓埋名 30 年、带领战士做极潜深度试验的我国第一代鱼雷核潜艇和弹道导弹核潜艇总设计师黄旭华院士；登上火箭发射平台排除故障的长征三号运载火箭总设计师、总指挥龙乐豪院士；还有冒着隧道断裂、被海水灌沉的危险，主动带领工人抢救试验沉井的上海地铁之父刘建航院士。他们这种为科学奋不顾身的精神，是从交

图 9-4
工程馆正面

大类似于工程馆这样的教室、实验室里孕育出来的。

作为 20 世纪上海乃至全国最现代化的实验室和工程教学楼，上海交通大学工程馆学风蔚然，名家辈出，为存续工业文脉、开创科技事业作出了卓越贡献。“豪华落尽见真淳”，历史的风烟虽已吹散，但这座出自名师之手、秉承先贤之志的经典建筑却历久弥新，仍在今天的交大校园里熠熠生辉。

（撰稿：陈泓、何芳宇）

同济大学
“一·二九”礼堂

标　　签：

同济大学爱国主义教育基地

地　　点：

同济大学“一·二九”纪念园

建筑特点：

钢木坡屋顶建筑

建成时间：

1942 年

建筑承载大事记：

“一·二九”事件（1948），同济大学接管大会（1949），首届世界规划院校大会（2001）

建筑赏析：

同济大学“一·二九”礼堂由日本建筑师石本久治设计，最早作为一所日本中学的礼拜堂使用。原建筑以单层砌体承重结构为主，屋面采用了钢木构架并铺设青瓦，在 20 世纪 60 年代和 1980 年经历过两次大的改建，2001 年对这幢建筑进行的保护更新改造在保留建筑原有风貌的基础上增加了钢结构门廊以及东侧廊道。改造后的“一·二九”礼堂摒弃了 20 世纪 80 年代建筑中的装饰，恢复了建筑原本简洁朴素的形象，新增的门厅空间为同济校园增添了新的生机。

时光清浅　润心无痕

图 10-1
“一·二九”礼堂外景

同济校园东南一隅有座坡顶结构的建筑，白墙黑顶，外形规整朴素，高低错落。干道一侧的落地玻璃长廊下，种满了齐整的小叶黄杨灌木丛，与正北朝向的大门旁的两丛竹林高低相接，相映成景。静谧夜色下，当教学楼渐渐褪去人群的喧嚣，同济学子经常能通过玻璃长廊透出的灯光，感受到建筑里如火如荼的活动氛围。这座建筑就是“一·二九”礼堂，它是同济七十几年来一个个大事件的舞台，是同济历史发展的见证。

始于纷乱
终成精神高地

抗战爆发后，日本人占领上海。为解决日侨学生上学问题，1942 年日本人在位于虹口区与五角场中间的其美路（现四平路）的一片农田中新建日本中学，设计者为日本人石本久治，现今的“一·二九”礼堂就是当时日本中学的礼拜堂。

抗战胜利后，1946 年同济由四川李庄迁返上海，礼拜堂成为同济大学工学院的礼堂兼饭厅。开始时是摆一些长方形桌子，两边有长条凳，可以坐着吃饭。后来撤去了桌子，吃饭时就把两条长凳叠起来，上面放几个菜碗，大家站着吃。一般是几个素菜，约一周加一道荤菜。最差的时候是 1947 年“反饥饿”时期及 1948 年秋蒋经国在上海“打老虎”时期，就只能吃青菜、萝卜干，有时还要“抢饭”。

虽然条件艰苦，但此时的礼堂已化身为同济学子接受思想熏陶的精神高地。茅盾、施复亮、马序伦、张炯伯、李平心等民主人士都曾在礼堂举行演讲，礼堂经常被挤得水泄不通。值得一提的是 1947 年 3 月在礼堂举行了一场文艺晚会，有田汉等人的精彩演讲，臧克家的诗朗诵，国乐大师卫仲乐的琵琶演奏，还有在校学生杨益言的二胡独奏，等等，为同济学子带来了一场精神上的盛宴。

因“事”得名
传承爱国情怀

抗战胜利两年后发生的“一·二九”事件，更是同济爱国学生运动史上浓墨重彩的一笔。由于在“反饥饿、反内战、反迫害”、救饥救寒和抗议九龙暴行等运动中表现突出，同济学生遭到了当时国民党反动派的迫害。1948 年初，围绕学生自治会改选问题，校方在国民党反动派的授意下无理开除了三批学生。在以乔石为书记的中共同济地下党总支的领导下，学生们奋起反抗。1 月 28 日，得知学生们将于 29 日进京请愿，国民党反动派准备血腥镇压。29 日天刚亮，几千国民党反动军警把同济大学周围几十平方千米的区域封锁起来，架起机枪对准学校大门。当天晚上，反动军警特务还直接冲进同济大学，闯入学生“血债晚会”现场，搜查学生宿舍，大肆逮捕学生。在这次事件中，同济被捕学生共有 97 人，受到迫害的学生 166 人。这就是同济大学校史中的“一·二九”事件。为纪念此次事件，此后礼堂被命名为“一·二九”礼堂。

“一·二九”事件发生时，建筑与城市规划学院董鉴泓教授正就读于同济大学工学院，他曾亲身参与、亲眼见证

图 10-2
同济大学学生运动纪念园落成仪式

了这一事件。“虽然时间已经过去了 70 年，但当时种种情景还历历在目。”他说，同济大学有着光荣的革命斗争历史，正是在这样的爱国学生运动中，我们坚定了跟党走的信念，意识到了自己应该肩负起的时代责任。

1949 年 1 月之前被镇压解散的学生自治会，在普选中重新产生。1949 年 6 月 25 日，上海人民政府在“一·二九”礼堂举行庆祝接管大会，副市长章壸宣布接管命令，宣布“同济大学回到人民的怀抱”。为了纪念在“一·二九”事件中受到迫害的爱国学生和在民主革命时期献身的同济大学英烈，1987 年同济大学学生运动纪念园应运而生。纪念园记载了同济大学学生运动的光辉历程，园内有尹景伊烈士的塑像，有殷夫和袁文彬两位烈士的浮雕像，有参加爱国运动而壮烈牺牲的同济英烈浮雕群像，还有镌刻在乳白色大理石上的英烈姓名。

匠心修缮
穿越历史回响

“一·二九礼堂”是同济校园里颇具特色的历史建筑之一。这座有着 78 年历史的建筑物，历经 3 次改建，整个建筑虚实对比、新旧呼应，在分明的层次空间中也显现出丰富的历史意蕴。

“一·二九礼堂”最初用作礼拜堂，是钢木坡屋顶的单纯长方体建筑。20 世纪中后期，由于校园的不断扩大，礼堂的功能也由单一性向多样性转变。20 世纪 60 年代的礼堂被改建为大讲堂，而到了 80 年代初，由于对礼堂功能需求的进一步延展，大讲堂又被改建为大礼堂，翻修吊顶成弧形，且在礼堂北部加设主舞台和两边侧舞台，增加化妆间及舞台后部空间，东、西侧加设侧廊作为疏散通道，整个座位区为连续斜坡并布置固定观众席，以承担举行会议、演出及放映电影等多种功能。80 年代改建后的“一·二九”礼堂与紧邻的“一·二九”大楼一起，成为当时同济校园中颇具特色的历史建筑群之一。

2001 年首届世界规划院校大会在同济举办，会议地点就设在“一·二九”礼堂。此次会议对同济来说意义非凡，是同济城市规划学科第一次走向规划学界最前沿，接受全世界专家和学者检验的一次会议。为办好本次大会，“一·二九”礼堂迎来第 3 次

图 10-3
2001 年首届世界规划院校大会在“一·二九”礼堂举行

改建。外部改造时，在东、西两侧加建一层高玻璃侧廊，“一·二九”纪念园全景一览无遗。室内改造时，恢复其钢木屋架的结构原貌，充分体现老礼堂自身的空间特质。尘封几十年的木屋架和屋面板经整修上漆，木梁上吊下一排排可调节的工矿灯，散发出温暖的光芒，老礼堂的历史感成为空间的主旋律。第 3 次改建后的“一·二九”礼堂以其透明性和对位感融入历史环境的古朴厚实中，整体风格摒弃浮饰，强调本色，兼顾技术与文化，在提供一流功能设施的前提下，彰显其自身的建筑美学和历史价值，在首届世界规划院校大会期间更是成为视觉焦点，广受赞誉。

“一·二九”礼堂是历史的见证者，也是历史的诉说者。它时而静谧，历经岁月的沉淀，充满厚重的历史底

图 10–4
“一·二九”礼堂内景

蕴；它时而忙碌，各类大型晚会、演讲论坛应接不暇。但无论是静谧还是忙碌，它都是每一位同济人心中永不磨灭的记忆，无时无刻不提醒着如今的同济人，以“同心同德同舟楫，济人济世济天下”来勉励自己。

（撰稿：杨霖怀、张雨彤）

同济大学

文远楼

标　　签：

中国现代建筑的“钥匙盒”

地　　点：

同济大学四平路校区

建筑特点：

现代主义建筑

建成时间：

1954 年

建筑承载大事记：

同济大学建筑系成立（1952），中国首个独立的城市规划专业诞生（1952），同济大学建筑与城市规划学院成立（1968）

建筑赏析：

同济大学文远楼由黄毓麟、哈雄文负责建筑设计，俞载道负责结构设计，曾先后被建筑工程系和土木工程学院使用，如今由建筑与城市规划学院管理。文远楼是我国最早的体现包豪斯风格的建筑，同时融合了中国传统风格的装饰。2007 年，同济大学的专业团队对文远楼进行了更新改造，在保持其原本建筑风貌与结构的基础上，融入绿色可持续发展的设计理念，提升了内部空间品质，增加了地源热泵等节能设施，使其焕发了新的活力。

『济忆』形象 学派之证

图 11-1
文远楼旧景

同济大学北大道的绿树浓荫中，掩映着一座淡灰色的老建筑，它简洁典雅，平整稳重，风格跟周围的建筑有明显的区别，这就是同济大学的标志性建筑之一——被称为"现代主义建筑在中国的第一栋""中国最早也是唯一的包豪斯风格建筑"的文远楼，其中承载着数十代同济人的"济忆"。

风雨文远
博采众家

文远楼建造之初为测量系所使用，采用平屋顶的原因是要在屋顶上放置供教学使用的仪器。在我国天文测量先驱、当时分管学校基建工作的副校长夏坚白教授的建议下，以我国古代伟大的天文学家、数学家祖冲之（字文远）的名字命名，称之文远楼。后因全国院系调整，1954 年测量系奉调前往武汉成立测绘学院，大楼落成后便归建筑系所用。1986 年建筑系搬出文远楼，该楼又由土木工程学院作为办公楼用，在 2007 年土木楼建成后，重新由建筑与城市规划学院管理。

1954 年建成的文远楼是典型的三层不对称错层式、钢筋混凝土框架结构建筑，建筑面积 5050 平方米，主要建筑师是黄毓麟、哈雄文。对比其建成之前“整理国故”运动中兴起的大量中国复古建筑和之后学习苏联所形成的“社会主义内容，民族形式”浪潮下的又一次复古思潮，文远楼以其简洁的形体、合理的功能布局独树一帜，成为中国探索现代建筑道路上里程碑式的建筑。文远楼在形体处理、空间组合、里面开启、构建细部等方面，都很好地体现了强烈的欧洲现代主义建筑的精神与手法，可谓西方的包豪斯风格传播到中国的第一颗种子。但同时，它也完美融合了现代主义和古典主义建筑风格，在细微处传承了中国传统文化，巧妙融入古典思潮的中式花格通风口等使文远楼多了一重独特的深远内涵。著名建筑理论家邹德侬先生曾盛赞文远楼所蕴涵的现代建筑特点，评价它已“并非风格化的现代建筑，它是中国建筑师已经熟练掌握现代建筑手法的有力例证”。文远楼因其重要的历史、艺术和科学价值获得诸多荣誉，1993 年被评为“中国建筑学会优秀建筑创作奖”，1994 年被列为上海市市级保护建筑，1999 年入选“新中国 50 年上海经典建筑”，并先后作为经典建筑入选《世界建筑史》和《中国建筑史》。如果同济建筑可以被称为“一枚开启中国建筑现代性的钥匙”的话，那么文远楼就是那个钥匙盒。多少年来，不管同济建筑学人在其中经历了多少风风雨雨，它始终以自己独特的方式，向一届又一届的莘莘学子传播着现代建筑的理念和先锋探索的精神。

这座仅有三层的中国早期现代主义的经典建筑，经历了 20 世纪 50 年代末到 20 世纪 70 年代初的动荡岁月，历经 3 次“火烧”，在知识、文化方面的精华反而被固化，和

图 11-2
文远楼与包豪斯校舍

图 11-3
融入中国传统文化元素的细部
装饰

同济大学、同济建筑学人有着深厚的渊源，成为一座真正的纪念碑。1968 年，建筑系发展成同济建筑与城市规划学院，学院成立庆祝会就在文远楼前面的草坪举行。在文远楼的阶梯教室里，罗小未教授在这里讲后现代主义建筑，教室走道和窗台都挤满了兴奋好奇的学生；刘克敏老师的西方美术史系列讲座，为数次挤在窗台上听课的同学开启穿越时空的艺术之旅；最早从美归国的戴复东教授在这里上大课、放幻灯片，使当时的同济学子能够接触到国外的第一手资料；系主任冯纪忠教授在这里与同学们交流

图 11-4
1986 年同济大学建筑与城市规划学院在文远楼成立。第一排从左到右为：王英奎、董鉴泓、戴复东、罗小未、陶松龄、刘佐鸿、陈光贤、刘云。第二排从左到右为：付信祁、吴一清、王秋野、黄家骅、庄秉权、唐云祥、冯纪忠、吴景祥、谭垣、金经昌、樊明体、朱膺

UIA（国际建筑师协会）大会的参会收获，还邀请著名建筑家贝聿铭在此作学术报告。在这种浓厚且热烈的学术氛围中，文远楼经常是要提前占座位才能挤进去。冯纪忠、金经昌、陈从周等一众大师，也正是在文远楼开启了“同济学派”。在中国近代和现代建筑史上，同济建筑占有重要的地位，有学者称之为建筑史上的“同济学派”和“同济风格”，因为同济大学建筑系荟萃了众多建筑大师，他们的教育背景、教育思想、建筑理念和创作风格组成了百家争鸣、学术繁荣的多元化学派。文远楼见证了“同济学派”的形成、辉煌与传承，成为同济建筑教育的精神意象。

传统而现代
续写同济思想与
设计追求的新篇章

文远楼不仅开创了建国后现代派建筑的先河，同时亦引领了全国历史保护建筑更新改造的风潮。经历了60年风雨，文远楼内部设施有所破损老化，在布局和建筑节能上已不再适合时代发展的需要。2007年，学校对文远楼进行了内部空间更新和生态节能改造，改造中严格遵循保护修缮原则，恢复文远楼原来建筑面貌，并在不改变文远楼结构体系的情况下，对建筑内部进行生态节能改造。根据这一计划，文远楼在改造中运用了多元通风及冷辐射吊顶、内保温系统、节能窗及Low-E玻璃+内遮阳系统、地源热泵、屋顶花园等十大生态节能技术。生态改造后的文远楼成为同济迈向学科前沿和国际化的一个大“Haus”[①]：底楼是数字建造、建筑遗产保护实验室和绿色建筑实验室，二楼是智慧城市实验室，三楼是联合国教科文组织亚太文化遗产保护和培训中心，正好对应了2003年起同济建筑“生态城市、绿色建筑、数字设计、遗产保护”四大新的发展方向以及国际化发展的道路。有趣的是，被称为“中国包豪斯”的文远楼，也是德国包豪斯频繁来访、合作交流的地方。文远楼的生态改造，真正反映了同济的思想与设计的追求——中国的也是现代的，而这也正是文远楼的最大意义之所在。

① Haus在德文中指房子、家园。

图 11-5
如今的文远楼

曾经，文远楼云集大师巨擘，他们谦虚审慎地践行同济精神，在文远楼开启了“同济学派”。文远楼是汇聚思想的学术殿堂，迸发着学术精神的光辉，氤氲着精神传承的温度，它不单单是一座有形的历史建筑，更是中国现代建筑文化的象征。它历经岁月的洗礼，见证了同济学科发展的重要时期，见证了同济建筑学人的成长。如今，文远楼依然优雅如初，气度依旧，一代又一代同济人将会在此不断演绎更加精彩的故事，孕育同济天下的未来，延续“同济学派”的辉煌。

（撰稿：张天骄、李疏贝）

同济大学大礼堂

标　　签：

“三个一百年”同济品格首发地

地　　点：

同济大学四平路校区

建筑特点：

联方网架大跨建筑

建成时间：

1962 年

建筑承载大事记：

获“新中国 50 年上海经典建筑”提名奖（1999），同济大学百年校庆（2007）

建筑赏析：

同济大学大礼堂由黄家骅、胡纫茉负责建筑设计，俞载道、冯之椿负责结构设计。大礼堂的大厅宽 40 米，长 56 米，结构净跨 40 米，外跨 54 米，为装配整体式钢筋混凝土联方网架结构，曾有着“远东第一跨”的称号。2005 年，同济大学对大礼堂进行了保护性修缮改造，利用原有结构，在南北两侧围合出了玻璃侧廊，开挖部分地下空间作为设备用房，大幅提升观众席高度，并且新增了后台空间，使得大礼堂更加符合如今的使用需求。

中轴筑基 与时俱进

图 12-1
“远东第一跨”同济大学
大礼堂

同济大学四平路校区和平路西侧一隅，有座灰白色的建筑。它的前面，碧绿青翠的雪松枝翘叶繁地分列在庭前两侧，中心区红花檵木与小叶黄杨组成的花圃如一席长卷铺展，花圃中心一尊身姿曼妙的雕塑《舞蹈的少女》让人眼前一亮。这座如一架完整的虹般的拱顶与蓝天白云相映成画的建筑就是令无数同济人骄傲和自豪的大礼堂，是同济富含意蕴的文化符号和精神传承。

“远东第一跨”同济智慧与精神的结晶

同济大学大礼堂之所以蜚声沪上，是因为其净跨40米的拱形网架结构，堪称当时同种形式建筑的亚洲之最。如此令人印象深刻的独特结构造型，被誉为“远东第一跨”。在20世纪五六十年代，国家还没有该类建筑物的建造经验。这一经典作品的成功建造，彰显了无数同济人自强不息、勇于创新、同舟共济的同济精神。

大师联璧，优中择精。大礼堂始建于1959年，建成于1962年，由著名建筑师黄家骅、胡纫茉设计，著名结构工程师俞载道、冯之椿完成结构建造设计。1959年，同济建筑设计研究院第一设计室接到了这一在校园中轴线的西端建造一个可供3000名学生用餐的饭厅兼礼堂的重要任务。在结构设计方面，吴景祥、黄家骅和庄秉权等专家都十分重视，团队先后考虑了包括钢筋混凝土双铰拱、双曲扁壳等在内的五六种方案。在多方反复比对考量后，最终选定装配整体式钢筋混凝土网架结构这一方案，它结构鲜明、轻巧且爽亮，既经济又典雅。

无柱中空，开辟先河。大礼堂建成时大厅宽40米，长56米，结构净宽40米，外跨54米，为装配整体式钢筋混凝土拱形网架薄壳结构，大厅内无一柱体支撑，拱形屋顶网架结构中的菱形结构网格单元也极富韵律感。当时，钢筋混凝土网架结构在国内并无先例，工程师们只能凭借两台手摇计算机，花了整整半年时间才完成网架结构的计算。施工时，网片都是采用最原始的方法吊装到屋顶，再在连接点上用混凝土进行现场浇灌的，其难度可见一斑。建成之时，这座大礼堂俨然是亚洲地区最大的无柱中空礼堂。

经典之作，备受瞩目。建成后的半个多世纪里，大礼堂因其独特的设计而受到广泛关注。1962年9月《建筑学报》登载了名为《同济大学学生饭厅的设计与施工》的介绍文章；其后西班牙国际壳体结构协会第16期通讯上刊载了名为《同济大学学生

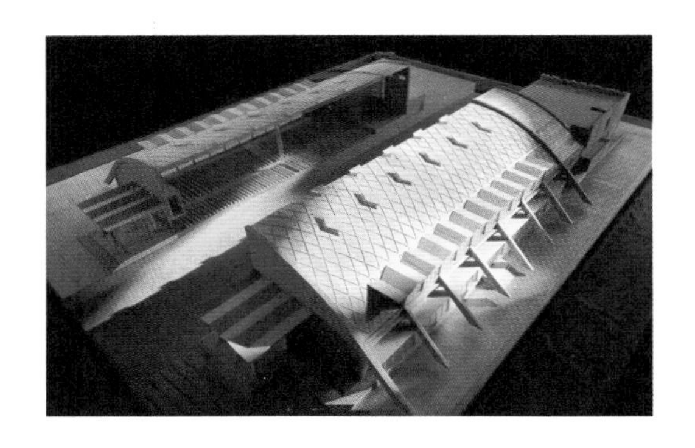

图 12-2
大礼堂结构图

饭厅的设计与施工》的英文稿；1999 年 10 月，大礼堂获“新中国 50 年上海经典建筑”提名奖；2004 年，大礼堂被列入上海市第四批优秀历史建筑。

百年校庆焕新生 “三个一百年” 初心不变

大礼堂见证了同济人引以为傲的“三个一百年”的诞生。为迎接 2007 年的百年校庆，作为校庆主会场的大礼堂在 2005 年迎来了改建。大礼堂建筑面积从原来的 3600 平方米增加到了 7203 平方米，设计师更是将建筑节能理念充分融入历史建筑的保护性改造过程中，在最大程度保留原有建造风貌的基础上，对采光、通风和温度调节进行了一系列因地制宜的改造。

2007 年 5 月 20 日，同济百年校庆大会在大礼堂举行，师生、校友、中外著名大学校长和各界人士共计一万多人参加了庆祝大会，时任上海市委书记的习近平同志亲临会场祝贺并致辞。习近平同志发表了重要讲话，指出：同济的一百年，是与中华民族命运休戚与共的一百年；同济的一百年，是与祖国科教事业心手相牵的一百年；同济的一百年，是与上海城市发展相濡以沫的一百年。这“三个一百年”高度概括了同济办学历史的光辉历程，充分肯定了同济大学的办学成就，也给学校的未来发展指明了方向与要求。年年岁岁，迎新晚会、校庆晚会、毕业典礼等校级大型活动几乎都在这里举行。大礼堂，岁月静好，使命光荣，传承着一代代同济人科教兴国的精神与文化，承载着一代代同济后浪立德树人的使命与征程。

人文改造获新生，舞台激荡见证新征途。原来大礼堂东西两端的高差仅为950毫米，后排观众视线被严重遮挡。改造的方法是根据原来地面基础的情况，向地下开挖了部分空间作为设备用房，同时将观众席作大幅度升起，对视线关系进行重新设计以满足观众的观看要求。从正门进入，步入有较强引导性的半吸入式入口大厅，可以沐浴着从顶部天窗泻下的阳光进入观众厅。每个座位的侧回风方式出风口，既可满足人体舒适度要求，又比传统空调系统节能。大厅原来的单薄侧墙也被改造为功能夹层

图 12-3
上海大学生“青春告白祖国”启动仪式暨首场宣讲会在大礼堂举行

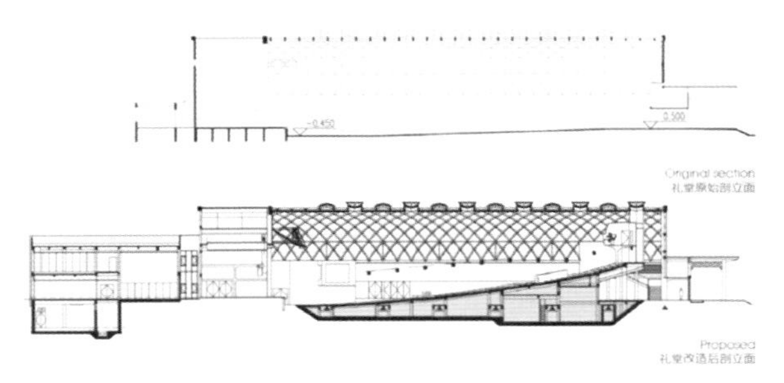

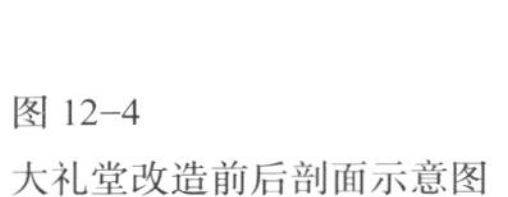

图 12-4
大礼堂改造前后剖面示意图

图 12-5
《同舟共济》舞台剧、上海爱乐乐团演出等大型文艺活动在大礼堂上演

墙，提升了空间使用品质和音质效果的同时，也巧妙地将回风管道和其他设备管线等收纳其中。

现代化功能与时俱进，高歌主旋律，激扬时代大舞台。建筑后台部分采用了增加建筑体量的方法进行改造。加建部分采用简洁的造型手法，立面突出竖向分割的风格。更新后的音响设备可媲美上海大剧院和上海东方艺术中心。这里是传承历史的大舞台，更是激扬新时代、高歌主旋律的大舞台。校史舞台剧《同舟共济》在这里讲述同济百年的往昔、歌剧《江姐》在这里传播红岩精神的力量、校园十大歌手在这里歌唱着青春和时代的朝气！ 2019 年 9 月，“不忘初心，牢记使命”同济大学庆祝新中国成立 70 周年师生合唱比赛在这里举行，绘锦绣中华、颂盛世华诞。

落实建筑节能理念，推动节约型校园建设。大礼堂改造的过程是同济大学落实建筑节能理念、推动节约型校园建设的现实实践。在改建层面，将老门窗改成断桥铝材质

图 12-6
大礼堂南侧

并在表面贴木皮，既能保持建筑物原有的样式，又保温节能，同时在采光窗上安装机械联动装置，自动开启、调节通风和采光，还利用庭院式的采光和通风方式达到自然节能的目的。在新建层面，采用“地源新风”、座椅柱脚送风等多种建筑节能技术，使外界空气通过地下道经热传递后，再送入空调进行适度降 / 升温。屋顶采用礼堂顶部结构单元的开窗形式，利用屋顶侧窗形成自然通风系统。通过自然通风和机械通风相结合的方式，并创新采用新技术，大礼堂的空调系统较之传统方式可以节约能源 30% 以上。

同济大学大礼堂是同济的标志性建筑之一，其诞生和保护性改建的过程充分体现了同济人严谨、求实、团结、创新的校风，它见证了同济大学与祖国同行、以科教济世的目标和决心，铭刻了同济人“同心同德同舟楫、济人济事济天下”的情怀。如今的大礼堂正以它雄伟庄重的风姿，让“三个一百年”的同济品格在此久久回荡，引领着一代又一代同济青年为实现中华民族伟大复兴的中国梦砥砺前行！

（撰稿：李文迪、杨霖怀）

同济大学
四平路校区图书馆

标　　签：

同济文化、知识、信息集结地

地　　点：

同济大学四平路校区

建筑特点：

新楼悬挑于老楼之上的改造建筑

建成时间：

1965 年

建筑大事记：

被评为 A 级图书馆（1993），百年校庆同济人著作展（2007），“闻学堂”传统文化传承基地成立（2013）

建筑赏析：

同济大学四平路校区图书馆由建于 1965 年的两层砖混结构老楼、1986 年加建的高楼，以及 2004 年加建的综合阅览楼三部分组成。老楼由吴景祥等设计，和同济大学南北楼成半围合形态，营造校园的入口氛围。高层双塔楼在建设时采用从老楼中庭升起核心筒的建造方式，运用高层大跨度悬挑预应力空间超静定结构体系，保证了老楼原有的结构安全和图书馆的日常使用。新加建的综合阅览楼同时包括了对同济大学图书馆的整体改造，提升了图书馆的空间活力，新创建的椭圆形中央大厅为师生提供了舒适的文化交流空间。

红砖书塔 启智传薪

图 13-1
图书馆正面

在同济大学四平路校区的中心主轴入口处，有两座同济人心中的精神地标，其一是面向正门的毛主席像，其二便是位于毛主席像后方的同济大学图书馆。同济大学图书馆正面犹如一本打开的厚厚书籍，置放于南北楼之间，为一代代同济青年种下知识的种子；又好似正敞开着广博胸怀的知识之母，拥抱着一辈辈同济学子遨游学海。四平路校区图书馆由新老楼组合而成，老楼外墙采用清水红砖，间以白色线条，处理得简洁、明快；新楼则为后期扩建的钢筋混凝土结构。新老楼相得益彰，富含中国传统建筑神韵，整体格局又与南北教学楼互为呼应，形成美美与共的大美围合，以历久弥新的红色清水墙诉说着世事变迁的沧桑厚重与时光荏苒的古朴明亮。

半世纪沧桑
中轴线上的
书山学海

图书馆正对同济大学校门，位于校园中轴线上，成为典型的学院派校园规划的轴线对景，属复古主义建筑。图书馆平面布局采用轴线对称，呈中字形。进厅内侧为目录

图 13-2
图书馆侧面

厅和借书处，二层挑空，使进厅空间更为开阔。南北两翼为两层建筑，作阅览之用，西部为三层书库。进厅部分为钢筋混凝土梁柱结构，阅览室为半框架结构，楼板采用预制空心板，外墙采用当时流行的清水红砖。相比同时代即1955年前的复古主义建筑有明显不同，并未采用大屋顶、坡顶等复古主义的典型符号，而是采用平屋顶形式，整体简洁大方。

同济大学图书馆初建于1934年，在战火硝烟中，图书馆员几经波折，水陆两途抢运图书，为珍贵的图书资料保驾护航。20世纪80年代，随着学校的发展，原图书馆已不能满足师生学习和学术交流的需要。于是，1986年学校决定对图书馆老大楼进行主塔楼及地下室人防扩建，

图13-3
图书馆公共空间夜景

原两层图书馆大楼改为图书馆裙房。1989 年建成的图书馆塔楼正是这一时期以满足功能需要为目的的国际式建筑的代表。图书馆塔楼建成后面积达 18000 平方米，大大缓解了当时学校教学设施不足的问题。新馆建于原图书馆四合院内，两个独立塔楼筒体为 8.3 米 ×8.3 米，高 50 米，离地 15.6 米，形成 25 米 ×25 米的方形塔楼，作为阅览室、开架书库，存放技术档案、科技情报等。建筑层高 3.9 米。两座塔楼由天桥相连，兼作休息室之用。所有公用设施——楼梯、电梯、厕所、上下水管道、风道、电气管线等皆位于筒体中。建成后的图书馆，主次入口均按原建筑布局，和原有建筑保持功能上的协调。首次扩建后，塔楼外部以马赛克饰面，在色调上与底部清水砖墙和谐统一；竖向突出棱状窗条，上下连成一体，并呈现出竖向连续的凹凸，黑色窗框成为马赛克墙面上的点缀，规律布置在凸出的棱状窗条上。同时，图书馆在国内首次采用了先进的高层跨度悬挑预应力空间结构体技术，使之成为同济的经典建筑之一。

2002 年，为了图书馆使用功能的更新与完善，内外空间的整合与创造，学校决定对图书馆进行二次改建。为凸显不同年代建筑的时代传承与内在呼应，此次改建针对不同年代的建筑确立了不同的改建原则与策略。如今的图书馆，传统与现代相互交织，稳重而又不失活泼。改建后的图书馆南面可以看到同济分明的中轴线、毛主席像、正门以及彰武路，北面可以看到纵穿同济的河流、学苑食堂门口的休憩草坡、通向大礼堂的绿荫大道以及大礼堂、瑞安楼等建筑，尤其是大礼堂巨大的弧形拱顶可以在此尽收眼底，彰显着同济的特色，图书馆也成了校园诸多建筑围绕的一个核心。2004 年底，同济大学历史建筑建筑群图书馆 20 世纪裙房被列为上海市第四批优秀历史文化保护建筑。

五十年沉淀
打造新一代
同济文化 IP

千古风雅韵致，万里风光书卷。2007 年，为献礼同济百年，图书馆收集整理了建校以来同济人以第一作者出版的著作和在国内外有影响的合著，举办“同济人著作展”。这个同济人著作数据库，不仅是百年同济办学历程中的重要学术成果，更展现了一代代同济人严谨治学、同舟共济的奋斗精神。同济精神，是百年来同济师生共同熔铸历史传统、时代精神、人文关怀形成的精神力量，这所百年老校传承、给予它的学子的信念与意志，也映刻在这些集结成展的作品里，生生不灭。

兼具文化交流、资源共享、学术研究、艺术展览等多种场所功能的图书馆，不断开办海派文化讲座、朗读大赛、中外文化之桥等形式的文化品牌活动。图书馆还于2013 年成立了闻学堂，“闻见学行，启智传薪”，通过闻学展堂、闻学讲堂、闻学课堂、闻学知行堂、闻学雅集堂等课堂，展览、工作坊、讲座等形式，讲授包括茶道、印章篆

图 13-4
图书馆室内书画展

图 13-5
图书馆内部

刻、古代家具、古代乐器、古代服饰、中国画、戏曲等丰富的传统文化内容。通过专业嘉宾“请进来”、实践课程“走出去”、创新体验“勤动手”，学生深切体会到了中华传统文化在新时代迸发的别样魅力，图书馆也由此成为同济学子学习传统文化、陶冶审美情操的美学教育基地之一。

从历史中走来的同济大学图书馆，早已是同济文化的汇聚地，为全校师生科学研究保驾护航。它正迸发出新的时代活力与同济风貌，默默地滋养着一代代同济学子，书写并传承着同济精神。同济师生也在科研创新、学术交流、科教济世的前路上愈发坚定，在祖国大地上书写着自己的答卷。

（撰稿：张天骄、杨霖怀）

同济大学
衷和楼

标　签：

同济大学百年校庆的标志性建筑

地　点：

同济大学四平校区

建筑特点：

现代高层教育建筑

建成时间：

2007 年

建筑承载大事记：

同济大学百年校庆（2007），“百年深根　十载新绿”2007—2017 同济大学办学成就图片展（2017），为纪念改革开放 40 周年“百名摄影师聚焦上海”图片展（2018），同济大学服务新中国建设 70 年主题展（2019），联合中共一大会址纪念馆、中共二大会址纪念馆、中共四大纪念馆共同举办“启航——中国共产党早期在上海史迹展”（2020）

建筑赏析：

同济大学衷和楼，原名教学科研综合楼，建成于 2007 年同济大学百年校庆前夕，由同济大学建筑设计研究院和法国让·保罗·维吉尔建筑事务所（Jean Paul Viguier Architecture）联合设计，是一幢集教学、科研、办公等功能为一体的综合性建筑。衷和楼中心是一个通高中庭，内部楼层功能平面为 L 形，每三层形成一个基本单元，不同单元在相邻处旋转叠加。建筑外观为规整的方形，立面肌理对应内部空间关系。楼内开放的空间环境体现了现代开放的高校办学方针，为师生的活动提供了便利丰富的场所。

和衷共济　时代匠心

图 14-1
衷和楼正面

在同济大学四平校区东北角，矗立着一栋外形犹如巨型魔方的全玻璃幕墙钢结构建筑，这就是同济大学百年校庆的标志性建筑——衷和楼（原为教学科研综合楼）。该楼于2007年3月建成并投入使用，是为庆祝同济百年校庆建造的全国高校钢结构第一高楼。大楼地上共21层，象征21世纪；高度约100米，意蕴建校100周年。衷和楼作为同济校园物质文化的重要组成部分，自诞生之日起，便承载着同济大学文化育人的重要使命。

更名“衷和”
同济精神传承不息

衷和楼原为教学科研综合楼，取同济当发展为综合型科研型大学之意。2018年元旦重新命名为“衷和楼”，与原音相近，取自《尚书·皋陶谟》中“同寅协恭和衷哉”，寓意和衷共济，契合同济精神。无形的人文精神与有形的校园建筑在此有机融合，使得衷和楼成为同济大学文化传承的载体，也成为同济人心中特殊的文化标识。

衷和楼是同济大学百年历史上高度第一、规模最大的单体综合性教育建筑，无论空间的塑造方式还是立面用材分割都极具时代感，但立面的分割方式、色彩又与20世纪五六十年代建成的南北教学楼、图书馆以及80年代末期的行政楼相呼应。新建的衷和楼既体现了时代风貌，又与老建筑有着一脉相承的精神联系，同济精神在这里传承不息。

衷和楼承办了“启航——中国共产党早期在上海史迹展”、“百年深根　十载新绿”2007—2017同济大学办学成就图片展、“百名摄影师聚焦上海”图片展、庆祝改革开放40周年艺术作品展、“与共和国共奋进”劳模主题展、同济大学服务新中国建设70年主题展、“教书育人　师泽流辉”优秀教师事迹展等文化艺术展览，通过迎接建党百年、纪念改革开放40周年、庆祝新中国成立70周年、校庆等以爱国爱党爱校为主题的系列活动，讲述中国创新发展的精彩故事，弘扬“与祖国同行，以科教济世”的同济精神。每一个展览都是同济精神的生动写照，只要你是同济发展的参与者、关

图 14-2
衷和楼与传统建筑国立柱

注者、贡献者、见证者，在一个个主题展览前便会驻足思索，脑海中闪现同济大学 110 多年来和祖国发展命运与共的每一个瞬间，从泪与血的革命年代，到光与火的建设年代，深切感受同济精神在心中徐徐流淌、激励磅礴的力量。

图 14-3
同济大学联合中共一大会址纪念馆、中共二大会址纪念馆、中共四大纪念馆共同举办“启航——中国共产党早期在上海史迹展”

创新融合 科技奏响开放式 校园华彩乐章

衷和楼空间变幻且内外交融，蕴育其中的是先进的现代开放式高校办学方针；形体简单而内容丰富，展现的是当代高校教研建筑抽象化、数字化的理念。

衷和楼占地面积 15615 平方米，总建筑面积 46240 平方米，是一幢集教学、科研、办公等多项功能于一体的综合性建筑。结合区域环境条件和建筑自身形态、功能构成的要求，主体建筑平面呈正方形，采用 L 形布置、模数化的单元理念，每 3 层旋转 90 度竖向上升，构成一个螺旋形的趣味中厅。大楼内部采用大空间、“楼中楼”的现代设计理念，大空间的楼层中分别设置了不同类型的阶梯教室、球型多媒体会议中心、会议厅、咖啡厅等9座风格各异的“楼中楼”。最引人瞩目的是中央大厅，呈16米见方，地面直接贯空近百米高的楼顶，是目前国内高层建筑中罕见的结构形式。整个建筑外形如同叠加起来的巨型魔方，极具时代感。模数化的单元平面可根据要求设置教室、研究室、办公室、会议室等教学研究用房和设备间、卫生间等辅助用房，并可实现多种功能组合方式的转换。

在对组合中庭空间的利用上，设计师在其对应的各个基本单元，上部楼面嵌入异形功能体或休憩平台等各类趣化空间的元素，异形体内设置会议厅、多媒体中心等。有序的建筑空间组合营造出实体单元和虚中有实、实中有虚的多维空间之间交互式的对话关系，构筑开放、融合的学术交流平台，成为满足高校多元化动态教学研发功能要求的有效载体。合适的色温和显色性能很好地模拟自然光，整体照明环境配合简洁的建筑外观，氛围清雅，给建筑一个明丽剔透的形象。实体功能单元的数字化窗墙表皮，中

图 14-4
衷和楼室内公共空间

庭等公共空间外部包裹的通透玻璃幕墙，两种性格肌理间“无缝”平滑对接，组合中庭内异形体以极富动感的造型和鲜明的色彩穿插其间，勾勒出外形简约、内涵丰富、动静均衡的建筑体。

衷和楼曾荣获2005年度上海建筑工程金属结构金钢奖最高荣誉——金钢特别奖、2007年英国工程师学会结构大奖、2008年全国优秀工程勘察设计行业结构一等奖、2009年全国优秀工程勘察设计行业一等奖等诸多奖项。衷和楼形态构成风格独特，建筑空间变幻开放、内外交融，体现了现代开放式办学理念，也位列抽象化、数字化高校建筑的设计前沿，它的诞生凝聚了同济百年的荣光，也将见证同济人在“建设成为中国特色世界一流大学”的征程中继往开来、不断创新，同舟共济、阔步向前。

（撰稿：丁大增、杨霖怀）

华东师范大学
群贤堂

标　　签：

华东师范大学最早的建筑，丽娃文脉精神象征

地　　点：

华东师范大学中北校区

建成时间：

1930 年

建筑特点：

古典复兴风格建筑

建筑承载大事记：

作为华东师范大学文史楼（1951），复原“群贤堂”匾额（2010）

建筑赏析：

群贤堂由王伯群校长与其他校董出资筹资，聘请上海苏生洋行（E.Suenson & Co. Ltd.）的董大酉和菲利普斯（E.S.J.Phillips）设计。该建筑为三层钢筋混凝土框架结构，面阔 21 米，门廊 4 根两层高的爱奥尼亚式廊柱与入口内部通高的空间相呼应，二层与三层之间的线脚水平延展贯通整栋建筑，在两翼转角处还使用了双壁柱的装饰，立面设计庄重典雅、比例和谐，受“布扎”（Beaux-Arts）学院派体系的影响。

群贤毕至　丽娃文心

图 15-1
群贤堂正面

校园建筑不敷应用
西式讲堂应运而生

大夏大学是 1924 年因学潮从厦门大学脱离出来的部分师生在上海成立的私立大学。大夏大学办学初期，校址多次变迁。1925 年在胶州路 301 号租地自建了一栋方形三层大楼作为临时校舍，原拟在此办学 10 年，但 1929 年学生人数已经超过 1200 人，教室、宿舍等均不敷应用。时任校长王伯群决策并募集巨资，于 1929 年 3 月陆续在中山北路购置学校基地 300 余亩，兴建永久校舍。中山北路新校舍包括教学大楼群贤堂，男女生宿舍群策斋、群力斋、群英斋，教职员宿舍，学生浴室，饭厅，理科实验室，图书馆，体育馆，医疗室，附中校舍，等等，另加荣宗敬先生捐赠的丽娃栗妲河。至此，大夏大学已成为沪上校舍轮奂崇宏、设施较为完备、师资优秀的大学。在建校之初，王伯群先生就主张大夏应“本学术研究之自由与独立，涵育革命与民主精神”，要以教师苦教、学生苦读、职员苦干的“三苦精神”和“师生合作”互勉办学，并以“自强不息”作为校训。

大夏大学新校园一期工程包括三层西式大讲堂 1 座、学生宿舍 3 座。其中的大讲堂由苏生洋行工程师菲利普斯和董大酉设计，辛丰记营造公司承担施工。1930 年 1 月，大夏全体师生出席新校址开工典礼。3 月 25 日大讲堂奠基，校秘书长王毓祥撰《大夏大学校舍第一座奠基记》。大讲堂在 5 月正式定名为群贤堂，寓意大夏师生合作、群策群力办学的理念和荟集群贤的期望，最终于 8 月落成。群贤堂是上海国人创办的私立大学中少有的宏伟建筑，总建筑经费折银 67000 余两。作为大夏大学的中心建筑，群贤堂占地约 1413 平方米，系三层钢骨水泥混合框架结构，面阔 21 米，宽 6 米，建筑面积 3643 平方米，入口门廊通高两层，以并列 4 根爱奥尼亚式立柱支承，内有大小教室及办公室 32 间。

劫难后余生
新生中勃发

最初大夏大学图书馆、物理实验室、生物实验室等也附设于群贤堂内，后逐渐迁出，群贤堂遂主要供学校校部与文、法、商、教育各学院使用。群贤堂内最大的一间教室可容纳学生 190 人，整个群贤堂可同时容纳 2500 名学生在内上课。20 世纪 30 年代群贤堂前为 4 块呈田字布局的草坪，4 块草坪中央有一座方台，树立大夏大学校旗，方台四周还有大理石 4 块，上刻“师生合作”“自强不息”的校训及校旗跋与捐赠者题名。

抗战时，大夏大学因临近战区，校园内科学馆，体育馆，学生宿舍群策斋、群英斋等大批建筑被毁，群贤堂也未能幸免。屋顶东北角被炸了 3 个洞，堂前 4 根爱奥尼亚式立柱外侧两根被毁，内侧两根无恙，勉强支撑着整体建筑。当时大夏大学整体迁往内地，在庐山、贵阳、赤水等地辗转办学，上海的校舍被日军所占，太平洋战争爆发后充当关押欧美侨民的集中营，至 1945 年日本投降时尚关押有英国、荷兰侨民约 570 人。1945 年大夏收回校舍后继续在此办学。

图 15-2
群贤堂前国旗飘扬

群贤毕至
少长咸集

无数大师曾来到这座象牙塔教书育人，发扬仁心。20世纪30年代大夏大学群贤堂曾汇聚吴泽霖、孙亢曾、马宗荣、王蘧常等名师，师大时代，又有孟宪承、吕思勉、刘佛年、张耀翔、萧孝嵘、左任侠、许杰、徐震堮、施蛰存、吴泽、李平心、戴家祥、陈旭麓、王养冲、周煦良、方重、冯契、陈彪如等诸多大家在此传道授业。无数的师大人从这里走向社会各界，散发光热。典雅的群贤堂和秀美的丽娃河，共同滋养了一代代的大夏人、师大人。大夏群贤堂中走出了戈宝权、陈伯吹、马承源等著名学者、作家，师大文史楼里又培育出声名远扬、延续不断的师大作家群、出版家群。丽娃文脉和丽娃河水一样，在师大人心中流淌滋养，涓涓不息，成为师大人的精神印记、感情寄托。大师与师大相辅相成，在中国教育史上挥洒下浓墨重彩的一笔。

1951年华东师大以大夏大学与光华大学为基础正式成立，以原大夏大学校园为华东师大校址。群贤堂成为华东师大文史楼，建校初期，同时作为教育、中文、历史、政教、外语等系的教学场所，临时图书馆也设在文史楼内。随着华东师大的校园建设，外语、教育等系陆续迁出，文史楼主要供中文、历史、政教（后发展成哲学、社会学、政治学、经济学、国际关系等多个院系）学科使用，给一代代师大学子留下了美好而深刻的记忆，也成为丽娃文脉的重要象征。20世纪90年代，华东师大以修旧如旧的方式对文史楼进行了保护性的修缮与恢复；2001年，华东师大在文史楼大厅中放置了首任校长、著名教育学家孟宪承的胸像；2004年，文史楼被列为普陀区首批不可移动文物；2010年恢复“群贤堂”旧名，并根据档案资料在原位置复原了由王伯群题写的“群贤堂”匾额。

今天的群贤堂，依然是华东师范大学的教学楼，是极其重要的教学场所，并且与爱之坪一起构成了华东师大的一道靓丽风景线，不管是否是师大人，路过这里总会不自觉停下脚步欣赏这幅美妙的画卷。时光荏苒，一届届学子走进这里，又从这里奔赴远方。对师大人来说，静静坐在群贤堂的教室接受知识的洗礼是毕生难忘的记忆，只要想起，必定能感受到大夏—师大那传承不断的文脉与精神。

图 15-3
群贤堂立柱及牌匾

图 15-4
俯瞰群贤堂及爱之坪

（撰稿：林雨平、张金玉）

附：

大夏大学校舍第一座奠基记

衡阳王毓祥撰

永嘉马公愚书

民国十三年夏，厦门大学学生三百人因当局者之措施无状，群起呼吁而图补救，为当局所逐，迁谪海上。乃要求前厦大教授欧元怀、王毓祥、傅式说、李世琼、林天兰、余泽兰、吕子方、吴毓腾、周学章九先生为之创立新校，以贯彻其读书运动。诸教授感于义愤，不辞艰巨，慨然以身任其重。名新校为大夏，以志校史之蝉脱，兼表光大华夏之至意。初假上海法租界贝禘鏖路二十四号为筹备处，楼屋半楹，萧然数榻，环境险恶，风雨如墨，同人中半途散去者又五六人。乃由欧王傅三教授担任执行干事，破釜沈船，毅然前进。适现任校长王伯群先生寓居海上，首捐金二千元，以作购置校具之用。初租定宜昌路一一五号为临时校舍，因与宿舍距离太远，乃改租小沙渡路二〇一号，于十三年九月二十日正式开课。低檐暗室，形同古庙，蠖屈于是者阅两学期。十四年春季，乃与沪商潘守仁氏磋商租地，建筑胶州路三〇一号临时校舍。舌敝唇焦，翻云覆雨，亘数月而无成。最后校长马君武先生以住宅地契向兴业银行作抵，再由兴业经理徐振飞氏出任担保，始克签约。建筑于十四年落成，迁入至本年夏季，又五易寒暑矣。此五年中，学生数目逐年增加，至十八年上学期，大学部学生已达一千二百以上，胶州路校舍，摩肩迭迹，深感不敷。校长王伯群先生慨然以建筑新校舍为己任，惨淡经营，募集大宗基金，于上海苏州河北中山路旁前后购地计百余亩，并与上海辛峰记营造公司订约，建筑三层西式大讲堂一座。苏生洋行工程师费力伯、董大酉二君打样，计占地一万二千七百十五方尺，内容课室三十二所。于民国十九年三月廿五日奠基，订于同年八月一日落成，建筑费共计规银六万七千余两。兹当奠基之日，谨述大夏初期六年中发展经过，并为之颂曰：

育材兴学，邦国所经。国不能举，乃集于民。系兹大夏，学府干城。经营惨淡，六载于今。师生邪许，构此奂轮。勗哉来哲，式是典型。

华东师范大学
思群堂

标　　签：
大夏大学文化记忆之一
地　　点：
华东师范大学中北校区
建成时间：
1946 年
建筑特点：
新古典主义风格建筑
建筑承载大事记：
华东师范大学首届开学典礼（1951），《思群堂记》碑重镌落成（2013），校庆 68 周年音乐会（2019）
建筑赏析：
思群堂是华东师范大学及其前身大夏大学的礼堂，取名思群以纪念前校长王伯群先生，以示不忘初心。该建筑为砖木结构，建筑面积 646 平方米，曾经可容纳 2000 余人。经过历次改造，如今的思群堂外观上有了很大变化，曾经高敞的门廊和歇山顶中西合璧的立面被如今现代通透的山花样式所取代，但是其内部舒适性大幅提升，舞台设备也愈发先进，已经成为校园文化建设的重要场地，更是华东师范大学广大师生文化记忆的重要载体。

明堂轮奂　源远流长

图 16-1
思群堂正面

源起大夏 自强不息

1924 年 6 月，厦门大学发生学生学潮，学生组织委员会，要求改革校政，提出学生有选择教师之权，反对奴化教育，等等，而学校当局举措失当，反而唆使工人殴打和迫害学生，引起师生的义愤和强烈抗议，学生有组织地集体离校，并推举孙亢曾、倪文亚、何纵炎等 14 人组织离校学生代表团，于 6 月中旬赴上海请求原厦大教授欧元怀、王毓祥等为他们筹设新校。欧元怀等多方奔走，但因经费无着落，难以筹措。王伯群先生获悉厦大学潮的起因及其发展情况，对筹议在沪设立新校的举措深表同情与支持，并立时先行捐助 2000 元作为筹备费。“这笔捐款数目虽小，但在学校经济毫无凭借的时候，却起了雪中送炭的作用，例如定制第一批校具的定金，登报招生的广告费，临时筹备处的租金等，都依靠这笔捐款开支。”在王伯群先生与厦大离校师生的积极合作筹备下，一所新的高等学校很快就创办起来了，定名为大夏大学，以志校史系由厦大蜕嬗而来，并寓光大华夏之意。王伯群先生被推为大夏校董事会主席董事（后改称董事长），并聘请马君武先生任大夏大学校长。1927 年春，校长马君武回桂主持广西大学，王伯群被大夏校董会推为校长。

1937 年淞沪抗战爆发后，大夏大学内迁，在后方继续弦歌，参与爱国运动。王伯群校长为大夏在贵州确定的宗旨是“抗战教育之推行”“协助政府以开发西南之资源”“促进西南之文化”。学校最初曾与复旦大学（当时也是私立大学）成立联合大学于庐山、贵阳两地，其后战火迫近庐山，第一联合大学再迁重庆，而两校之间的联合解体。1942 年 2 月，当时的国民政府行政院曾决定要将大夏大学改为国立贵州大学。消息传来，师生均表示强烈反对。贵州虽是校长王伯群的故乡，但他并不欲“卖校求荣”地出任国立贵州大学校长，于是向政府力争，使行政院收回成命，大夏大学得以保存原名，维持其私立性质。1944 年冬，日寇进犯独山，贵阳危急，大夏又迁往赤水。王伯群校长既忧故乡即将沦陷，又恐凝聚毕生心血的大夏付诸劫灰，焦思苦虑，急赴重庆商议保卫贵州及大夏去留问题，12 月 20 日劳累成疾，病逝于重庆。

图 16-2
思群堂旧景

重返沪上
师大相承

抗战胜利后，大夏师生于 1946 年夏由赤水迁回阔别 8 年的上海，并在原校址复课。其时，经过炮火的洗礼，群贤堂、群策斋等尚存。学校对因战火受损的部分校舍进行了修缮，并于 1946 年 10 月在以前水塔左侧即群力斋前广场建成一座新礼堂——思群堂。思群堂为一层砖木结构，建筑面积 646 平方米，清水红砖外墙，有简洁的线条装饰，主入口饰多立克柱 4 根。礼堂可容纳 2000 人，当时还兼作膳厅使用。礼堂内讲台面宽 40 英尺，深 21 英尺（约合 6.4 米），为当时沪上各大学礼堂台面之最大。讲台两壁置有活动彩色衬板，演剧时可作为布景之用，灯光提示均布置完善齐全。该装置由土木系助教金祖荫参与设计，并请沪上舞台设计专家吴仞之校订而成。上海毕业同学会捐赠了织锦玫瑰色大幕。讲台两边镶有校徽，美丽堂皇。10 月 28 日，大夏师生就在新礼堂举行秋季开学典礼。师生济济一堂，互致祝贺，表达了共同办好大夏大学的决心。在此情境下，大夏师生更加思念王伯群校长。经校董会讨论决定，将新落成的礼堂命名为思群堂。

1946 年 12 月 20 日，王故校长逝世 2 周年纪念会暨思群堂落成典礼隆重举行。王校长夫人保志宁女士及亲属戚友部旧、各机关的代表、大夏大学的校董、贵州与上海师生都莅临大会，董事长孙科先生因国民大会延期未能来校主持。欧元怀校长首先致辞，赵晋卿，艾得敷，教务长鲁继曾，庄万灵，前贵州建设厅厅长叶纪元，校友何纵炎、王裕凯诸先生相继致辞，对王校长均深表哀悼并对大

图 16-3
《思群堂记》碑重镌落成

夏大学之前途表示关切和期望。最后，王校长之弟王文彦先生代表家属致答词。思群堂前立有纪念碑，碑曰：“大夏师生于聚首庆叙之余，感悼先生不已，乃建一堂，颜曰思群，庶登斯堂者，瞻其轮奂恢祟，如见先生之风范焉。”王伯群校长主持校务时亲手建造的校舍，与思群堂屹立并存，而王校长为校献身的精神，也将与全校师生共处以激励。当时大夏大学每次纪念周及用膳也在思群堂内，亦有“每会不忘”“每饭不忘”之意。学校内迁贵阳、赤水时生活非常困难，而复员上海后又眼见满目疮痍，校舍颓坏，半途而废之意难免滋生，而大夏的师生却绝不灰心，坚持发扬“自强不息”的校训和“学不倦，教不厌，行不惑”的精神，使大夏大学走上复兴的道路。思群堂的建造，除了为纪念伯群校长外，也是为纪念这一历程与精神。

1951 年，华东师范大学在大夏大学原址成立，10 月 16 日，“华东师范大学成立暨开学典礼”在大礼堂隆重举行。思群堂遂成为华东师范大学校内的历史建筑之一，而“思群堂”之名也随大夏大学一起走进校史，改称“大礼堂”。

明堂轮奂
不忘“思群”

60 年来，大礼堂几乎见证了华东师范大学发展的各个重要历史阶段，也与师生的日常生活密不可分。关乎学校发展命运的大会在此召开，无数学生的青春风采在此留下印记，中外经典影片在此上映。2010 年，华东师范大学中北校区大礼堂改造工程竣工，整修一新的大礼堂上多了三个古朴典雅的红色大字——思群堂。从此以后，各种场合，“大礼堂”之谓被“思群堂”取而代之，到 2011 年学校 60 周年校庆时，“思群堂”声名愈隆。时至今日，大礼堂几经改造，环境更为舒适，设施愈加先进，现拥有座位 792 个，安装有中央空调系统，配备有模拟立体声环音放映设备，模拟立体声调音、数字调光舞台设备，能较好地满足电影放映、文艺演出、会议报告等多方面服务需求，为学校的宣传工作和校园文化建设提供了场地保证。2009 年 6 月，大礼堂与东西办公楼作为大夏大学旧址整体的一部分被列为普陀区登记不可移动文物。

图 16-4
68 周年校庆音乐会在思群堂举办

不忘“思群”，是为了表达我们的衷心敬意，为了感念与铭记，记住前辈们的远见卓识，记住他们的勇敢担当，记住他们一砖一瓦的艰辛创造，因为没有这些就没有华东师范大学的今天。思群堂承载的不仅是大夏大学的文化记忆，作为文化传承的象征，还承载着华东师范大学的文化记忆，成为不可估量的精神财富和弥足珍贵的文化资源。

（撰稿：林雨平、张金玉）

附：

思群堂记

思群堂者，大夏大学师生为纪念王故校长伯群先生而筑者也。当大夏创设之初，蠖屈穷巷，无尺寸之借，赖先生殷勤扶掖，规制始具，既而分退食之余晷，兼理校政，困心衡虑，荷巨举艰，十年如一日，置廨宇，储典籍，萃东南之士而大淑之，而夏声乃宏。民国二十六年秋，倭虏构难，淞沪阽危，先生复毅然挈校迁筑，披荆斩棘，振铎黔中。盖又阅六稔。三十三年冬，寇窥独山，西南震越。先生适寝疾，闻耗亟起，图再徒赤水。比至渝，忧劳逾恒竟尔溘逝，良可恸也！厥后，欧校长元怀，王副校长毓祥，膺校董会之重托，继承遗志，克期迁赤，离经流，播大夏，终获无恙。又期年而寇患平。今年秋西上之校本部暨留校之分校，俱返梵皇渡丽娃河畔旧址，盖先生所辟者也。大夏师生于聚首庆叙之余，感悼先生不已。乃建一堂，颜曰思群。庶登斯堂者，瞻其轮奂恢崇，如见先生之风范焉。昔岘首丰碑，观者堕泪，功德之在人心，有如此者。然则斯堂之寿，宁有既乎！

堂成于民国三十五年十二月二十日，大冶刘锐为之记，永嘉马公愚书。

2012 年 12 月，上海图书馆古籍部在整理修补馆藏碑帖时，发现了大夏大学《思群堂记》的拓片。该碑帖由著名书法家马公愚先生书写于 1946 年。其时抗战结束，大夏师生历经 8 年辗转迁移，终得重返故土。为纪念已故校长王伯群，学校便将新建的礼堂命名为“思群堂”，并刻碑以志纪念。因历史原因，原碑已不存在。2010 年，学校重修思群堂，曾依据馆藏档案资料记载的碑文重新镌刻纪念碑一块，置于思群堂内门厅右侧墙面。如今该碑拓片的发现，有助于更真实地复原历史文物，丰富校史研究。

马公愚（1893—1969），浙江永嘉人，原名范，字公禺，号冷翁，书画篆刻家，毕业于浙江高等学堂。民国初曾创办永嘉启明女校、东瓯美术会。历任上海美专、大夏大学教授及文书主任。解放后，任上海中国画院画师、文史馆馆员，中国美协及书法篆刻研究会会员、中国文字改革委员会委员等。

马公愚幼承家学，稍长曾师承瑞安孙诒让，究心周鼎秦权、石刻奇字，素有“艺苑全才”之誉。其书法，篆、隶、真、草，无一不精，真草取法钟、王，笔力浑厚，气息醇雅；篆隶更具功力，书名遍播大江南北。作为教授级的书画家，马公愚著述丰富，有《墨子间诂》《古籀拾遗》《耕古杂著》《公愚印谱》《书法史》《书法讲话》《应用图案》《公愚印谱》《畊石簃墨痕》《畊石簃杂著》等。

华东师范大学三馆

标　　签：

地理学、生物学、物理学等自然科学学科初创和发展的见证者，学校国际化办学的重要见证者

地　　点：

华东师范大学中北校区

建成时间：

1954 年

建筑特点：

民族样式建筑

建筑承载大事记：

成立劳动建校委员会（1952），高规格大修（2013），上海纽约大学使用（2013）

建筑赏析：

华东师范大学三馆为物理馆、地理馆和生物馆的总称。1953 年起，该建筑群在华东建筑工程局工房处与在校师生组建的劳动建校委员会的共同努力下历时近两年建成。站在前广场看，三馆的形态与故宫午门五凤楼的形制相仿，但是其平面布局实际呈工字形，两翼分别向前后伸展。建筑的屋顶使用木构歇山顶的民族建筑样式，立面构成和空间布局则受到苏联建筑风格的影响。该建筑群于 2013 年完成大修，最大限度地恢复了曾经的面貌。

学养深厚　人文荟萃

图 17–1
如今的三馆

光荣历程
大师云集

进入华东师范大学中北校区大门，沿着主干道前行，经过办公楼，登上丽虹桥，便可远眺掩映在绿树中的三馆。三馆肇建于20世纪50年代初期，青砖黑瓦的砖木结构，两翼拱卫着主楼，气势恢宏而又淡泊明静。因深受当时苏联建筑风格的影响，整幢建筑既有民族建筑的特色，又多少渗透着苏联文化的影子，堪称中西合璧的建筑典范。三馆作为华东师大教学、科研的重要基地之一，见证了学校地理学、生物学、物理学等自然科学学科的初创和发展，也是学校哲学学科和社会科学学科的发祥地。地理学家胡焕庸、李春芬、陈吉余，哲学家冯契，经济学家陈彪如，生物学家张作人、郑勉等大师先后在此工作过。这里浓缩了华东师大的精彩故事，记载了学校发展的艰辛历程。

忆往昔，三馆见证了中华人民共和国成立后建立的第一所师范大学——华东师范大学的发展历史。华东师范大学成立于1951年10月16日，以私立大夏大学旧址为校址。建校时从大夏大学接收的校舍较少（主要位于今中山北路校区的河东地区），教学楼更仅有文史楼（群贤堂）、办公东楼和办公西楼3处。随着学校规模的扩大，原校舍日益捉襟见肘，不敷学校发展之用。向外扩展，已是势在必行。当时，学校西边广袤的农田，使征地扩建校舍成为可能。这正是华东师大建校前选择大夏大学作为校址的一个重要原因。

在此背景下，1952年1月，学校组织专家咨询，多方听取意见，制订了学校发展的5年规划。接着，购置土地，测量校基，绘制学校地图，完成包括化学馆、三馆等十大建筑工程图样设计。尽管当时国家财政相当困难，教育经费亦属有限，但作为中华人民共和国成立后创办的第一所师范大学，学校仍然得到了华东教育部的全力支持。1953年1月，学校成立基本建设委员会，同华东建筑工程局工房处签订了包括三馆在内的十大建筑工程建设合同，十大工程建设正式启动。考虑到国家财政艰难，学校于1952年7月成立劳动建校委员会，发动全体师生参加建校劳动。

图 17–2
1954 年 12 月新落成的三馆

1953 年底，化学馆、数学馆、学校主干道和大桥先后完工。1954 年 12 月三馆落成，总建筑面积近 12000 平方米。至此，华东师大的校舍初具规模，并奠定了河东地区以文科为主、河西区域集聚理科各系的校园布局。三馆建成后，主要用于地理系、物理系、生物系 3 个系的教学、科研与办公，初步解决了这 3 个系科的教学、办公场地等问题。1954 年寒假，学校分部（原圣约翰大学旧址，今华东政法大学长宁校区）撤销，理科各系全部迁回校本部。

整旧如故 以存其真

2013 年 3 月 19 日，中山北路校区三馆大修工程悄然启动，这是三馆自 1954 年底建成以来的首次整体大修。大修方案于 2012 年 6 月开始酝酿制定，经过多次专家论证和校长办公会讨论，确定了技术方案和施工组织，在建筑施工及材料的选择上都力求符合原貌。

从设计开始，大家就有着一个共同的愿望——要还建筑以原貌，通过大修让老建筑焕发新的生机。通过走访、座谈、论证，“整旧如故，以存其真；提升功能，兼顾安全；降低能耗，节能减排；技术创新，打造精品”的大修原则最终确定下来。设计师按图索骥，调阅了三馆当年竣工时的全部图纸，参照现行建筑规范制定了详尽的设计方案。但是，老建筑的大修难点就在于前期无法预知隐蔽部位的状况，往往进入施工拆除阶段时才能看到现状，需要及时对设计方案进行调整。如当施工人员将三楼的天花打开后，整个木质屋架在几十年后第一次重见天日，整根整根由碗口粗的原木构成的梁、柱和密密匝匝、纵横交错的椽赫然出现在众人面前，很多专业人员都是第一次亲眼见到，不得不叹服 60 年前的建筑设计和施工工艺。但项目组马上面临的一个问题是，木质屋架很容易燃烧，和现行消防规范严重相悖，但为了保留屋架，只有在防护措施上更改设计方案。经参建各方多次讨论，最终确定了在木头表面喷涂防火涂料的方案，为木质屋架穿上了厚厚的防火衣。

又如三馆的钢窗，经专业人士鉴定应为当年从国外进口的，现在上海滩上这种型号的钢窗已经很稀少，大家一致认为必须保留下来。但是到市场上去打听，发现现在已经很少有人会修复钢窗。其他问题诸如建筑沉降造成楼地面最大处有 15 厘米的高差、内墙面酥烂需要大面积重新修缮、屋顶几十处漏水需要对屋面进行整体修缮、大量的强弱电桥架和消防管道无处固定、被空调外机和实验通风管道穿透的墙洞的修补材料无从找寻……这一个又一个的难题在工期本已很紧的情况下考验着整个项目组，但是这些问题不解决又严重影响到施工质量。如何科学地安排、有效地管理，使这些问题既能在大修中妥善解决又不至于影响工期就成为考验参建各方能力的一块试金石。在大家的群策群力下，难题最终被一一攻克。

整旧如故的原则不仅限于修缮本身，挖掘建筑之外的人文意涵和文化价值也是修复的功课之一。333 教室是三馆最大的阶梯教室，但它的意义远远超出了一间普通的教室。在 20 世纪七八十年代，尤其是文科大楼建成前，政教系几乎所有的大课、大型集体活动、自修都是在这间大教室里进行的。

在确定修缮改造方案的过程中，学校陆续收到多位曾在地理馆 333 教室学习的政

图 17–3
修复后的三馆外墙

教系校友的建议。大修之际，校友会也发起了“讲述我与 333 的故事”征文和老照片征集活动，部分政教系校友还表示愿意为 333 教室修缮奉献绵薄之力。对于这个寄托着青春梦想和记忆之地，修缮工作组最终选用了将 333 教室原样保存的方案，尤其是几代学子在教室课桌上镌刻的“桌面文化”将原封不动。

大修竣工
见证成长

2013年8月9日，三馆大修工程竣工暨启用仪式在三馆一楼大厅举行。华东师范大学党委书记童世骏、校长陈群，上海纽约大学校长俞立中、美方校长 Jeffrey Lehman 等出席会议。作为三馆竣工后的首批使用者，上海纽约大学美方校长 Jeffrey Lehman 代表校方致贺词。

三馆这幢大楼大树环绕，大师出入，浓缩了华东师大的精彩故事，记载了学校发展的艰辛历程，大修以后，它还将继续见证学校在全球舞台上的不断成长，继续见证中国高等教育在新世纪的改革发展。

（撰稿：张金玉）

华东理工大学

奉贤校区图文信息中心

标　签：

华东理工大学文化名片

地　点：

华东理工大学奉贤校区

建筑特点：

地景建筑

建成时间：

2011 年

建筑赏析：

图文信息中心大楼是现代化的校园文化建筑，位于华东理工大学奉贤校区的中心位置，三面环水，与校园景观共同形成了中国经典中“辟雍”的意象。该建筑主楼外观规整方正，内部设施完善，馆藏丰富，自然采光充分，实用性很强。而其裙房利用报告厅特殊的空间形态与地景结合，形成了伸向通海湖的草坡。一楼大厅悬挂着由师生共同创作的大型瓷板壁画“炼丹图”，极具特色。

书香袅袅润芳华
塑形铸魂育新人

图 18-1
通海湖中龙舟竞渡
图文信息中心书香满园

华东理工大学奉贤校区图文信息中心位于奉贤校区地理位置的正中心，也是校区内最高的建筑。该中心建成于 2011 年，总建筑面积为 32200 平方米，集科技与人文元素于一体，是整个校区最具代表性的文化建筑之一，整栋大楼集成了图文信息服务与综合办公等功能，兼备实用价值和文化魅力，成为师生们阅读、学习和研讨的首选之地。

方形独栋的图文信息中心矗立于一片红色楼宇之间，既劲美挺拔又大气雄伟。它毗邻风姿秀美的通海湖，清水碧波环绕，阳刚与柔美的气质彼此衬托交融，相映成景。大楼在设计上使用抽象的长城烽火台造型，充分表达了“居安思危、读书报国”的设计理念，寓意华理师生应时刻铭记国家曾经遭受的忧患，发奋图强，以民族复兴为己任，同时也充分体现了绿色环保的理念：透明的玻璃外墙、裙楼报告厅的半下沉式设计，有利于整栋大楼充分采用自然光源，同时更增添了外形的时尚美感，尤其是报告厅斜坡型的屋顶自上而下向湖畔延伸，植满绿色草皮，是学生们课余休闲时最喜爱的去处。这块景观草地还兼具景观设计专业学生课程实践的功能，成为学生参与校园文化景观建设的优秀案例。

在夜晚的通海湖边抬头远眺，灯火通明的图文信息中心玻璃幕墙上映照出一个个或伏案苦读、或热烈讨论的身影，此时的图文信息中心宛如一座灯塔，照耀着华理学子征途漫漫的求知路。

化学的起源
历史的积淀

图文信息中心拥有丰富的馆藏资源，有纸本图书和期刊合订本 80 余万册，集“视、听、查、阅、参”功能于一体，实行一门式管理和大开放、大服务的服务模式。馆内采用了最新的技术手段，一站式服务，人脸识别入馆，微信选座、借阅图书，自助借还图书，数字化信息发布，电子阅读系统等多功能电子化信息设备为师生提供更加便捷高效的服务。走进图文信息中心的一楼大厅，迎面而来的是一幅“炼丹图”大型瓷板壁画。它由前任校长钱旭红院士策划、时任艺术设计与传媒学院院长的程建新教授设计，学校艺术设计专业师生共同参与创作，于 2012 年 10 月完成。

瓷板壁画贯穿上下两层楼，气势磅礴，由九九八十一片瓷板拼接而成，高 8 米、宽

图 18-2
“炼丹图”瓷板壁画

4.6 米。这幅图呈现给大家的便是对化学起源的追溯。图中描绘的是我国古代 6 位著名的炼丹家，依次为孙思邈、陶弘景、葛洪、魏华存、魏博伦与刘安，均为英国科学史家李约瑟所推崇并有著作传世者。今天高度发展的现代化学不仅揭开了物质变化的秘密，而且造出了许多自然界本来没有的人造物质，可以说已经达到了古人所梦想的“夺天地之造化”的地步。然而化学这门科学和人类其他知识一样，一开始也是经过了一个幼稚阶段的，这一阶段就是恩格斯称作化学的“原始形式”的炼金术或炼丹术。“炼丹图”壁画展示了化学的起源及其在我国悠久的历史，凸显了华东理工大学办学的化学化工特色，启示着学子们积极探索、开拓创新。

图文信息中心中设有通海厅、敬贤堂等多个大型多媒体讲堂，“通海讲堂”“国情报告”“名师论道”等系列讲座在这里举办，为学子们搭建了与各个领域的大师们学习和交流的平台，更便于学生开拓视野、钻研科学、展示才能，提高自己的综合素质和创新能力，形成健康向上、充满生机和活力的校园学术氛围。

2017年10月25日，为庆祝华东理工大学建校65周年，学校在奉贤校区图文信息中心隆重举行了院士墙落成典礼。65载耕耘不辍，薪火相传，院士墙展示了学校坚持立德树人、培育社会英才的累累硕果，见证了学校服务国家、服务社会的光荣征程，是华理历史的记忆、文化的积

图 18-3
图文信息中心内景

图 18-4
院士墙

淀、精神的传承，激励着学子们以老一辈华理人为榜样，脚踏实地，砥砺前行。

院士墙的方案由学校艺术设计与传媒学院林轶南、冯璐两位老师精心策划设计。这里展示的中国科学院院士、中国工程院院士以及部分外籍院士都曾在华东理工大学学习或工作过，他们是学校的骄傲、学子的榜样。院士墙旨在弘扬院士们热爱祖国、坚持理想的崇高精神，传承不惧困难、顽强拼搏、求真务实、开拓创新的科学文化，营造崇尚科学、献身研究、尊重知识、传递薪火的学术氛围。三思方举步，百折不回头。作为科研领域的最杰出代表，院士们献身科研、严谨治学的精神，已经成为学校巨大的精神财富，必将化为激励华理学子热爱科学、追求真理、坚韧不拔、勇于探索、自主创新的不竭动力。

院士墙的设立，不仅仅是校园文化的体现，更是一种精神和成就的延续。院士墙能激发华理人勇攀知识高峰的毅力、执着探索的科学精神，让进入图文信息中心的每一位读者都能够深切地感受到华理人文文化的魅力。

每年的“读书月”“真人图书馆”“行知堂”等文化活动都会在图文信息中心举办，这些活动深受师生欢迎，成为华理靓丽的文化品牌。图文信息中心以其完备的功能和无处不在的人文情怀，关爱着每一位华理师生，成为他们生活中不可或缺的一部分。

在某一个时刻，漫步其中，与自己心爱的一本书相逢，端坐在临窗的椅上细细咀嚼。偶尔抬头：近处，通海湖碧波荡漾；远方，白云变换飞扬。这里，留下了每个华理人的青春时光；这里，让每个华理人留恋难忘；这里，是华理人共同的精神家园。

（撰稿：林璐、刘稳风、武亚珍）

上海外国语大学
松江校区图文信息中心

标　　签：

上外人心中的“博尔赫斯书店”

地　　点：

上海外国语大学松江校区

建筑特点：

新古典主义风格建筑

建成时间：

2001 年

建筑大事记：

世界俄语大会（2011），上外匈牙利语、波兰语开班仪式（2016、2017），“大学与人类命运共同体构建：中外大学校长学科建设研讨会”（2019）

建筑赏析：

上海外国语大学松江校区图文信息中心位于校园中轴线上，坐北朝南，左右对称，由南北两座楼组成，南楼五层，北楼七层。建筑面积 2.9 万平方米，中央是五层通高的大厅，顶部有文艺复兴风格的穹顶，立面具有新古典主义风格三段式特征，中央部分为两层与三层的通高巨柱式，两侧有三角形立体山花窗户装饰。外立面白色的墙体与蓝色的穹顶色彩对比强烈、相得益彰。

兼收并蓄　共享多元

图 19-1
图文信息中心外景

在上海外国语大学松江校区的中央位置有一座亮眼的蓝白色调建筑，它建于2001年，建筑面积达2.9万平方米，是整个校区体量最大的建筑，它就是图文信息中心。图文信息中心是上海外国语大学松江校区的地标性建筑，其新古典主义建筑风格展示出特有的磅礴气势。它由南北两栋楼宇组成，高低错落，南楼五层，为文献馆藏与阅览区域，北楼七层，为语音实验、多媒体教学管理区域，并设东、西两座大型报告厅。

一方心灵净土
探索文明之旅

它给了每位上外学子一个独一无二的世界：多语种原版书如同知识之墙的巨砖，引领学子探索人类文明历程；东厅与西厅两座报告厅，从讲座论坛到文艺汇演，上外学子与多少学者大家都曾在此留下交流探讨、砥砺求索的印迹，获得智慧的启迪；底楼大厅时常举办有趣的文化展览，让每个经过的人为自己的心灵寻找更远的行迹。

2011年5月11日到14日，第十二届世界俄语大会图书展在图文信息中心一楼大厅举办。2016年11月，这里又举办了来自11个国家的36座非洲雕刻的艺术特展，非洲文化独特的魅力和原始之美吸引着师生的关注。2017年5月，来自五大洲的艺术家对于生命感悟的“克莱因瓶中的螺旋性叙事”展览在此举行，从绘画到雕塑无不展现着艺术给人的启迪。师生在阅读和学习的间隙便能感受艺术的力量。2018年6月，一场跨越国界的“汉字之美”巡展走进了图文信息中心一楼，不少同学在观展后萌发了对传统文化和书法艺术的极大兴趣。2019年3月，正值全球法语活动月，上外图文信息中心带来了一场“上外邂逅魁北克”摄影展。2019年4月，图文信息中心的一堂“和平”课吸引了大家的注意力，一场“战争与和平”的俄罗斯美术展将61幅画作展陈于图文信息中心大厅，无声地诉说着关于战争与和平的故事。图文信息中心带来的一场又一场精彩的文化艺术盛宴，拓展了大学的维度，承载着学子求学的回忆，也浇灌着文化和艺术之花。

一座文化殿堂 传递思想花火

作为校园内师生学习交流最为活跃的场所，图文信息中心自落成之际就从不停歇地探索着“以人为本、虚实融合”的新空间形态的改进，它一直与时代发展、学校发展同频共振。图文信息中心以“深化空间的内涵与价值”为提升服务效能的重要突破口，努力通过打破原有既定空间的局限性，为师生学习、科研活动提供一个更广阔的空间。2015 年，松江校区图文信息中心走廊及大厅智能照明改造项目完工。2016 年，图文信息中心通过调查问卷的方式向全校师生展开了对其进行改造的调研工作，师生们积极表达了改造的功能诉求。2018 年 9 月，松江校区图文信息中心咖啡吧式学习空间投入

图 19-2
图文信息中心内景

使用，大大增加了阅览座位；同时虹口校区四楼多功能会议室及七楼珍本图书阅览室改造工程完工，增加了新的研讨、阅览空间。

2019 年 7 月，在校领导的重视及学校各部门的配合下，图文信息中心一楼东区旧貌换新颜，进行了智能化的内部结构改造。此次改造改变了以往单纯的高密度摆放阅览桌椅的模式，通过打通空间、增加书架、共享空间等方式，为师生读者提供更为舒适、灵活的学习交流空间。目前松江校区图文信息中心暂时分为阳光大厅阅览区、区域国别研究专架阅览区、SISU 文库专架阅览区、研讨空间及一键演播室、自助服务区以及原有的西侧阅览区域。“促进知识流通、创新交流环境、注重多元素养和激发社群活力”是上外图文信息中心的时代使命，为更好地服务师生，它一直在努力！

一场人生体验
开启求索之路

如果说建筑有记忆，那么它承载的一定是很多人细碎的情感。那一抹湛蓝色的穹顶业已成为上外一种特殊的精神印记。那座硕大的玻璃门不知旋转了多少次，又不知为多少虔诚的求知者开启了精神之路。尤其是端坐在楼梯之间的鲁迅像，它静静地注视着行色匆匆，或自信昂扬、或低头深思的上外师生。这位中国现代重要的文学家的文学活动便是以翻译起，以翻译终。他对于外国著作的翻译数量及其重要性丝毫不亚于他的创作。鲁迅曾一再告诫青年，一定要精通一两门外国语，他甚至还说，学习一门外语还不够，还要多掌握几门。而今在上外，这位精通日文和德文、学过英文和俄文的翻译家塑像从不寂寞，每天清晨都有学子神情专注地与他交流，围着他晨读。

上外图文信息中心的图书馆“文明月”也是上外人最期待的时候，因为每年的这个时候图文信息中心都会带来多种干货满满的资源和讲座，营造着传播学术知识和提升师生信息化素养的氛围。同时，依托于图文中心举办的“校长读书奖”是学生们借以交流学术的大好机会，每年的“校长读书奖”围绕主题阅读指定参考书目、开展

图 19-3

图文信息中心多语种文化墙

论文撰写、进行答辩等，活动载体包括“耕读园”读书会、新生书架推荐、学生文化沙龙等，形成了导读、阅读、精读、写作、研讨、深入研究“一条龙”式的本科生研究促进流程。

正如季羡林先生所说：“如果没有了图书馆，我们还有什么呢？我们没有了过去也没有了未来。”是的，对上外而言，图文信息中心从来就不仅仅是一幢建筑而已，就像名字所昭示的，图文信息中心的第一功能是图书馆，但是它的重点和落脚点从来就不仅仅是图书馆，它是中心，是校园的地理中心，更是学校文化的重心，是师生汲取养分的平台。图文信息中心屹立于此，为师生们提供了体验多元化人生的场所，读书—探索—讨论—追问，图文信息中心看着他们不断地寻找着答案，不断地汲取着养分，不断地成长起来。

一场文化交流
展现大学意义

图文信息中心会送你走向人生新征程，也会为你的青春求索之路打开新世界。2016 年 10 月 10 日，上海外国语大学匈牙利语专业开设暨匈牙利文化周开幕仪式在松江校区图文信息中心举行。随着“一带一路”建设的推进，上外将针对沿线国家开设相关的语言专业，加强相关的区域国别研究。2017 年 10 月 11 日，上海首个波兰语专业开设仪式暨波兰文化周开幕式在上外图文信息中心举行。上外学子伴随着精彩丰富的文化周活动，开启了他们在上外的求学之路。他们不会忘记初来时图文信息中心拥抱他们的模样，也定会在 4 年后怀念着它送别时的亮灯。

2019 年年末，图文信息中心又带来了新落成的“穹顶会议室”，为学科建设和学术交流作出了贡献。2019 年 12 月 7—8 日，22 位中外大学校长汇聚在此，探讨“构建人类命运共同体，大学何为？”并共同倡议“携手推进教育的开放、合作、创新、共享，为构建人类命运共同体谱写教育的新篇章”。图文信息中心又一次地见证了上外发展史上的一次国际合作与交流，并以“服务国家发展、服务人的全面成长、服务社会进步、服务中外人文交流”办学使命为支撑，助推上外构建国别区域全球知识领域特色鲜明的世界一流外国语大学。

图 19-4
大学与人类命运共同体构建：
中外大学校长学科建设研讨会

一种别样回忆
承载青春历程

如果用一句话证明你在上外上过学，你会说哪句？有人说是“你有没有在图文广场的 Dream Conviction Love 旁边晨读过”，有人说是“你有没有在图文的楼顶拍过照片”，还人说是“你有没看过图文的亮灯”。无论是“梦想·信念·爱”的雕塑，还是从地铁上就可以望见的蓝色穹顶，抑或是毕业时你再忙也总要去看一看的图文亮灯，这一切细碎的回忆，都将你的上外和图文信息中心紧密相连。

图 19-5
图文信息中心夜景

阿根廷诗人博尔赫斯曾说：“天堂应该是图书馆的模样。”是的，大学是培育社会中流砥柱之所，其真正的元素，应是一群热忱于求知的学生，应是一批纯粹以学术与思辨为志趣的学者，应是一个藏书丰富、领域广泛的图书馆。图文信息中心不仅在地理位置上成为上外松江校区的中心点，更致力于建成上外具有特色的人文精神殿堂，实践“全方位教育”的大学理想。

（撰稿：吴琼、顾忆青）

东华大学
延安路校区第一教学楼

标　　签：

新中国纺织人才的摇篮

地　　点：

东华大学延安路校区

建成时间：

1952 年

建筑特点：

红墙红瓦坡屋顶的中式建筑

建筑赏析：

东华大学延安路校区第一教学楼由中国第一代建筑师陈植设计，原为华东纺织工学院（东华大学前身）第一教学楼。教学楼高 2 层，面积 2160 平方米，是一栋红墙红瓦双坡屋顶的建筑。建筑采用砖混结构，屋顶采用木桁架。外立面窗户的设计简洁大方，有竖向大面积长窗，明朗典雅，具有很好的采光与通风，也有不规则排布的窗户为建筑增添富有活力的色彩。建筑于 2017 年整体翻修，焕发新貌的同时也保留了原有红墙红瓦的外形特征。

风雨沧桑数十载
春华秋实忆情怀

图 20-1
第一教学楼正面

在东华大学延安路校区有一座砖红色的小房子，无数人曾因她古朴典雅的风格而驻足。这座小房子只有两层楼高，建筑两边被高大的树木环绕，阳光透过树叶在外墙上留下斑驳的光影。这一方小天地，虽被林立的钢筋大厦包围，却保有其独特的宁静淡雅，颇有一番味道。这栋小楼便是东华大学延安路校区第一教学楼。

第一教学楼，平凡如楼名，68 载光阴流转，它就这样静静地伫立在校园里。1952 年建成至今，园丁们在这块方寸热土耕耘不息，莘莘学子在这里求知求学。朗朗读书声，耐心讲解声……在这里，平凡的故事一天天上演，教

图 20-2
第一教学楼外景

与学碰撞出求知世界里最美妙的声音，久久回荡在这座第一教学楼。

应运而生 肩负使命

中华人民共和国建立之初，我国的纺织化纤工业几乎是一片空白。棉花是中国老百姓制作衣服的主要原材料，但是棉花单亩出产率低，远不能满足人民群众的需求，如要增加产量，则要与粮食争夺耕地。是选择“吃饱”还是“穿暖”，成了难题。“新三年，旧三年，缝缝补补又三年。”当时，多数家庭都是大人穿破的衣服改一改给孩子穿，大孩子穿过的衣服再留给小孩子穿。

那时，从事纺织工业行业的科学家和技术人员纷纷发出这样的倡议：希望能由国家来创办一所独立的纺织大学，为新中国纺织工业发展培育和输送人才！

1951 年，交通大学纺织系、私立上海纺织工学院、上海工业专科学校纺织科 3 所院系合并成立了新中国第一所纺织高等院校——华东纺织工学院，选定上海延安西路与中山西路交汇处的原光华大学校址及附近农田作为新校园基地。1952—1956 年，先后有南通学院纺织科、青岛工学院纺织系等 6 所院系并入。华东纺织工学院从 1951 年建校伊始，就肩负着纺织强国的使命。

为了更好地满足教学的需求，学校决定兴建教学楼。曾参与上海中苏友好大厦工程、鲁迅墓设计，主持了闵行一条街、张庙一条街等重点工程设计的著名建筑师陈植，亲自操刀为华东纺织工学院教学楼进行设计。建成后的教学楼为两层砖混结构，面积共计 2160 平方米。翻开富有岁月感的建筑项目书，与那个时代的设计师和工匠们对话，仿佛能看见他们无数个夜晚伏案绘图，不厌其烦地一次又一次修改设计方案。

正是在这座教学楼里，各路纺织专家、行业翘楚齐聚，美国麻省理工学院毕业的周承佑任机械系教授，意大利米兰理工学院毕业的方柏容任纺化系教授，美国田纳西州立大学毕业的程守洙任物理系教授，英国曼彻斯特大学毕业的陈人哲任机械系教授、严灏景和张文赓任纺化系教授，来自上海第一印染厂的王菊生任纺化系教授，还有来自上海申新纺织厂、美国罗威尔纺织学院毕业的刘裕瑄，上海第十九棉纺织厂吾葆真，

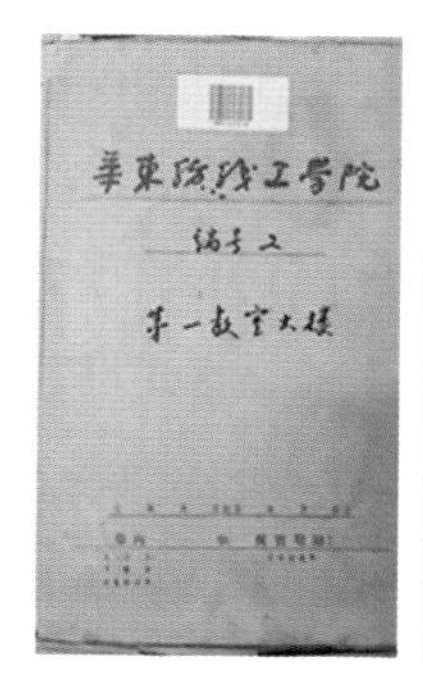
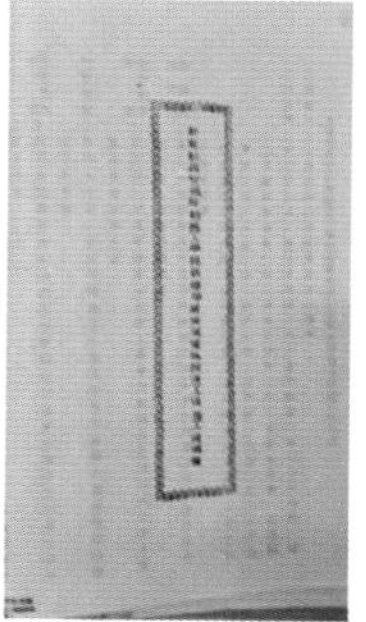
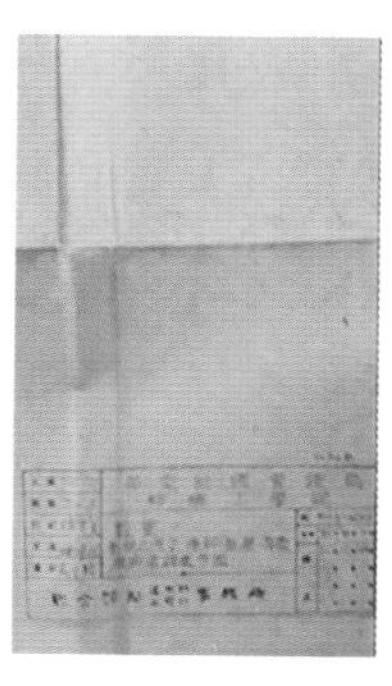
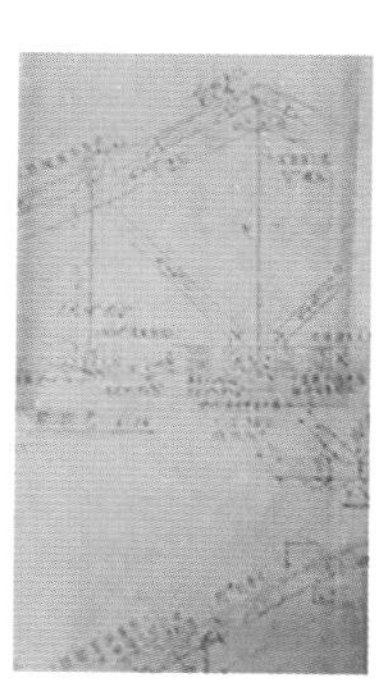

图 20-3
第一教学楼原建筑项目书

上海交通大学纺织系毕业的孙桐……他们在这里教书育人，为新中国的纺织行业发展和人才培养默默耕耘。

历经岁月 初心不改

从 1952 年至今，延安路校区第一教学楼已有 68 年的历史。它见证了华纺人、纺大人、东华人的报国情怀和育人初心，它见证了中国纺织工业从百废待兴到衣被天下，如今中国纺织工业已傲然矗立在世界纺织之林。

华东纺织工学院老院长、我国纤维高分子学科奠基人钱宝钧当时提出，发展化纤工业，实现纺织强国，必须教育先行。为此，他与化纤专家方柏容教授联名请示原纺织工业部，建议在华东纺织工学院创办第一个化纤专业。在钱宝钧先生等一批爱国知识分子的努力下，我国第一个化学纤维专业在华东纺织工学院筹建完成，并于 1954 年开始招生。

在近 70 年的办学历程中，东华大学始终主动服务党和国家重大战略布局和产业发展需求，助力解决中国人的穿衣难问题，为我国纺织产业从无到有、从小变大、由大变强作出了历史性的贡献。一代又一代的学术精英在东华园里探索新知，耕耘技术，传承文化；一项又一项学术成果在这里诞生，服务国家，引领社会，走向未来。“学校科研攻关解决我国洲际导弹弹头防热层材料问题”“学校科研成果成功应用于‘天宫’‘天舟’‘北斗’‘天通’‘嫦娥’等国家重大战略”“东华科技与时尚、东华设计与文化助力上海时尚之都、设计之都建设”等东华闪光点，无时无刻不在激励着学生爱校荣校，传承发扬“崇德博学、砺志尚实”的校训精神。

如今，第一教学楼历经半个多世纪的磨砺，岁月在它的身上雕刻下斑驳印迹，铭记着过往的时光。随着年岁的增长，这栋老建筑也慢慢显出了“岁月不饶人”的一面，外墙风化、墙面渗水、地面破损……针对以上现象，在历年不断修缮的基础上，东华大学于 2017 年对第一教学楼进行了整体翻修工程。值得一提的是，翻修过程中施工者发现，第一教学楼当年的施工质量和材料的完好程度令人慨叹，这不得不让人对当年建造者身上所体现的工匠精神心生敬意。

“落其实者思其树，饮其流者怀其源”，下次再至第一教学楼时，不妨花点时间感念一下当年的工匠们，将他们身上所体现的工匠精神，带入我们的生活、学习、工作中。正因他们，才有了如今典雅端庄的第一教学楼，为今日的东华校园添上了点睛之笔。

“今晚还是约一教自习吗？”“好呀，一起学习到深夜吧。”第一教学楼作为延安路校区最早开放通宵自习室的教学楼，早已成为同学们的“宠儿”。无论你何时来到这里，都能看到座无虚席的自习室。有人徜徉在考研的题海里，有人戴着耳机观看网课汲取知识，有人温故知新复习课程，有人在敲打电脑键盘的哒哒声中完成论文。每一位在第一教学楼学习到深夜的学子心中都有一个共同的信仰——为实现纺织强国努力奋斗。

一位东华大学染整专业 80 级的校友这样说道：“我们班的同学在毕业 10 年、20 年、30 年的返校聚会时，看到老教学楼，仿佛分别看到了恋人、战友、家人一般。”正所谓陪伴是最长情的告白，而守护是最沉默的陪伴！

在第一教学楼自习的人来来往往，每个人心中都怀揣着梦想，他们在这里用汗水浇筑梦想。“多年后的你一定会感谢现在如此努力的自己。”在第一教学楼的那些时光，组成了华纺人、纺大人、东华人在校园里弥足珍贵的记忆。

图 20-4
翻新后的第一教学楼

如今的第一教学楼，不仅在“颜值”上大大提升，还增加了很多人性化设计。它在保留古朴文化气息的同时，又让大家耳目一新：走廊保留原磨石子地坪，重新打磨；外立面修缮及门窗式样保留原设计风格；大厅设置文化背景墙；南面室外设置座椅，地坪重新铺装，苗木进行了调整，为学生提供了课间休闲沟通空间……身边的一切都让人感受到这座 68 岁的老建筑展现出的新容颜和新气象，继续谱写着属于这所校园的美妙篇章。

（撰稿：朱一超）

冀賢圖书馆

上海财经大学
英贤图书馆

标　　签：

曾经的凤凰自行车厂总装车间

地　　址：

上海财经大学武川路校区

建筑特点：

工业建筑改造

建成时间：

1988 年

建筑承载大事记：

改组为上海凤凰自行车股份有限公司（1993）

建筑赏析：

上海财经大学图书馆原为上海自行车三厂工业建筑。2006 年，由上海现代建筑设计集团主持设计，将七层总装车间及五层立体仓库改建成图书馆主楼和附楼，总建筑面积 30677 平方米。主楼平面呈 L 形，在 8 米层高的一、二层间增设夹层。增设五层通高的采光中庭连接主、附楼，使之成为建筑的核心公共空间。建筑采用钢筋混凝土结构，外立面简约时尚，空间明朗通透，是优秀的工业建筑改造作品。

藏往知来 群贤毕至

图 21-1
英贤图书馆外景

上海财经大学英贤图书馆坐落在上海市杨浦区武川路校区，是一幢总建筑面积 3 万多平方米的七层建筑，于 2006 年由原上海自行车三厂（凤凰牌自行车厂）的总装车间及立体仓库改建而成。连廊相衔，开放布局，形成“人在书中、书在人中”的阅读体验；修旧如旧，优雅变身，民族商业品牌与制造产业文化两存。近年来，图书馆不断引进现代信息技术和先进的图书馆管理理念，升级优化图书馆空间和设施，为用户提供信息化、沉浸式、社交型的阅读、研学、活动及展示空间，使这座校园标志性建筑具有了新的内涵，成为大学文献、学术、文化中心。

图 21–2
英贤图书馆航拍图

截至2020年6月，图书馆共有数据库128个，其中电子期刊数据库34个、电子图书数据库16个、学位论文数据库4个、事实统计数据库48个、工具型数据库18个、视频数据库8个；包含电子图书291.3万册、电子报刊110.7万种、电子学位论文736.2万篇，为世界银行、国际货币基金组织指定收藏馆，在上海地区乃至全国的高校图书馆中具有一定的影响力。

图书馆承担着文化育人和服务育人的重要角色，在思政学习方面具有不可或缺的地位和独特的优势。位于英贤图书馆一楼大厅的"百年商科，凤鸣朝阳——上海财经大学百年校史浮雕墙"形象化展示学校文化精神、凝练并积淀本校历史传统，能够有效展示、传播学校历史和文化；位于六楼的学术展示·共享空间，集中展示了学校的学术成果、"千村调查"社会实践调查研究项目特色馆藏资源、500强企业特色馆藏，旨在为培养"立足中国、胸怀世界，兼具国家情怀和全球视野"的卓越财经人才提供多样化的服务。同时，图书馆采用多元化展示方式，依托文献资源、人力资源、空间资源及设备资源，以"博雅"系列品牌为抓手，结合专题讲座、主题展览、互动体验、分享交流、书评写作、人文行走等形式，开展了一系列阅读推广活动。

民族品牌　时代骄傲
——凤凰牌自行车

凤凰牌自行车的历史最早可以追溯到晚清光绪年间的同昌车行，当时的店址位于上海南京路（今南京东路）604号。从当时同昌车行刊登在报纸上的广告来看，当时女性自行车很受欢迎。同时，车行还经营男车、跑车、童车等多种产品。产品的坚固可靠也是车行主打的宣传点之一，从"保用五十年"和"一车足抵他车数辆之用"中就可以看出来。凤凰牌自行车在当时可以说是时代的骄傲，多少人魂牵梦萦想要得到它。

凤凰牌自行车最经典的"二八大杠"主打的就是负重功能。2015年1月，习近平主席同中央党校县委书记研修班学员座谈。当谈到自己当年在河北省正定县的工作经历时，习近平说："我当年到了正定，看到老百姓生活比较贫困、经济社会发展

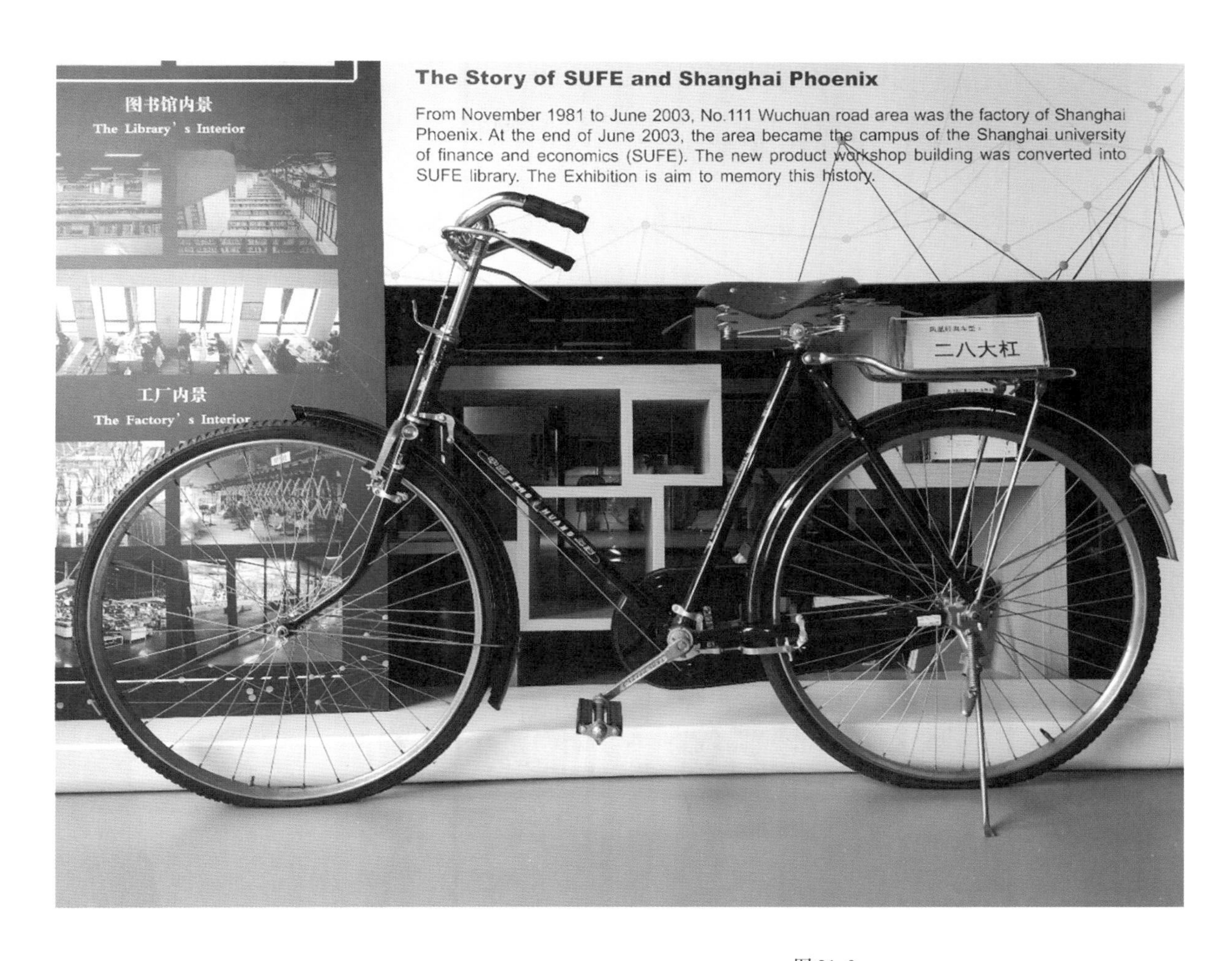

图 21-3
凤凰牌“二八大杠”自行车

水平比较落后的情形，心里很着急，的确有一股激情、一种志向，想尽快改变这种面貌。”习近平经常骑着一辆老式凤凰牌“二八大杠”自行车，奔波在正定县的乡间田野，穿梭于滹沱河的南北两岸，扎实调研、听取群众意见。

引凤还巢　厚德博学——老厂房优雅变身书香圣地

老一辈上海人的记忆里，结婚时的“三大件”总免不了一辆凤凰牌自行车。1959 年 1 月，“凤凰”商标注册，20 世纪 60 年代起，凤凰牌自行车已成为全国名牌产品，曾被国家领导人作为出访的国礼赠与外国元首。这生产凤凰牌自行车的上海自行车三厂原址正位于如今财大的武川路校区内。

三厂曾体现上海工业文明都市的气质，与财大“厚德博学、经济匡时”的内在精神巧妙融合，“从工业到商业，财大通过修旧如旧的方式保留它的精髓，目前的图书馆是以前的总装车间与立体仓库，创业学院是以前的电镀

图 21-4
英贤图书馆内景

图 21-5
英贤图书馆外景

车间，其余包括第四教学楼、公管学院在内的多幢建筑都改建自自行车三厂的各类用地”。如今的公管学院还有个好听的名字——凤凰楼，意为“引凤还巢”，“这里的学子们一如即将展翅高飞的凤凰，舞出在学科、在人生中的精彩”。

（撰稿：连锲）

上海理工大学
沪江国际文化园

标　　签：

国际文化交流体验实践平台

地　　点：

上海理工大学军工路北校区

建筑特点：

20 世纪初期美式独立别墅群

建成时间：

1916—1936 年

建筑承载大事记：

时任美国驻华大使骆家辉在美国文化交流中心访问并与师生座谈（2011），日本前首相、众议院议员鸠山由纪夫先生在日本文化交流中心访问（2012），爱沙尼亚总理罗伊瓦斯一行来访（2015）

建筑赏析：

上海理工大学沪江国际文化园由 7 座风格各异的美式独立别墅住宅建筑组成，位于校园内核心位置，初建于 1916—1936 年，原为沪江大学教师住宅。每座别墅单体均为砖混结构，二至三层，体量小巧方正，装饰简洁典雅，坡屋顶设老虎窗，墙体用红砖砌筑或青红两色砖混砌，使用预制混凝土花饰门窗套，砖砌花饰拱窗，室内设有砖砌壁炉。建校 105 周年之际，改建为沪江国际文化园，以接待各国政要、学者，推动学校国际文化交流。

承续文脉　以文育人

图 22-1
沪江国际文化园德国文化交流中心

沪江国际文化园位于上海理工大学军工路北校区的核心位置，沿着主干道湛恩大道走数分钟，在参天香樟的掩映中，能看到北侧的大草坪上散落着这 7 幢风格迥异的独体别墅，形成了别具特色的建筑群。

承续文脉
国交平台

上海理工大学办学的文脉，源于1906年美国南北浸礼会创建的沪江大学，这7幢老洋房建于1916—1936年间，原为教员住宅区，2005年被列入上海市第四批优秀历史建筑，2019年学校被列入第八批全国文物保护单位。这些小洋房均为二至三层单体别墅，采用坡屋顶，设老虎窗，外墙用红砖或青红两色砖混砌，采用预制混凝土花饰门窗套，窗多用花饰砖拱，室内多设有砖砌壁炉，整体体现出当时美国独立式小别墅的风格特征。当年的建筑群静静伫立，诉说着过往的名人轶事。

1919年建成的教员住宅203/204号（今美国文化交流中心）初为李佳思教授住宅，后曾用作沪江大学校长樊正康住宅，著名文艺理论家徐中玉先生1947年任沪江大

图22-2
昔日的教员住宅区

学中文系教授期间，也曾居住于此；教员住宅209号（今法国文化交流中心）建成于1936年，初为沪江大学教师湛罗弼夫人为自己建造的住宅，后捐给学校，文学家章靳以1951—1953年曾在此居住。

近年来，这片历史建筑群陆续被修缮一新，在上海理工大学迎来105周年校庆之时，华丽变身为沪江国际文化园。在这里，学校先后接待了来自德国、英国、澳大利亚、美国、日本、爱沙尼亚等多个国家的政要，驻上海领事馆总领事、文化教育处官员、商务处代表，以及国外知名大学的著名学者，就进一步推动学校国际文化交流以及沪江国际文化园建设出谋划策，最终将历史保护建筑改建成为7个国际文化中心（德国、美国、英国、法国、日本、澳大利亚、北欧文化交流中心）。作为校园国际文化社区，沪江国际文化园重现了原沪江大学历史保护区的风貌，不仅是多元文化交流中心，还成为面向全校师生开放的国际文化学习、体验基地。

文化育人
民间外交

建成后的沪江国际文化园，作为一种新型的校园文化形态和文化载体，成功搭建了中外师生跨文化交流平台：不断引进国外优质教育资源；推动卓越工程教育的国际合作；培养师生跨文化交流能力；推动和活跃民间外交，打造了国内大学校园里首个面向世界的、开放的国际文化交流与体验社区。

国家级非物质文化遗产传承人讲座、外国名校校长论坛、国际政要来访交流、知名企业系列讲座、国际艺术展览、德奥之声系列音乐会等一系列的高水平活动，不但让上海理工大学的师生深切地体会到了国际文化艺术的魅力，也惠及了沪上其他高校学子和艺术文化爱好者。通过各个国家文化中心，学校还定期开展特色文化体验活动，如日本茶道、花道，英式下午茶活动等，极大地丰富了师生们的校园生活，营造了校园国际化氛围。学校逐步形成了一套以优秀传统文化教育为根基，推进国际交流活动广泛开展，实现中外文化和谐发展、良性互动的校园文化生态系统，彰显了学校文化建设的独特魅力和价值功用。文化园建设也作为大学文化传承创新的典型案例受到了国内外

图 22–3
沪江国际文化园夜景

知名大学和社会各界的广泛关注和普遍赞誉。

如果说建筑和布置只是文化交流中心的载体，那负责各中心运作的主任们就是其灵魂。在文化园投入使用前，各中心主任就已经参与了中心的规划。文化中心建成后，他们更是致力于搭建中外文化交流的桥梁，积极筹办、组织跨文化交流活动以及加强与国际教育机构、国际企业的互动。

Rose Oliver 女士自 2014 年起担任沪江国际文化园英国文化交流中心主任，她给自己起了个中文名“王玫瑰”。每周，她都会来英国文化交流中心“报到”。其余时间，她既是一名英语教师，也是武术交流平台“双龙会”的创办者。“从小，我就喜欢中国文化，七八岁的时候看《水浒传》电视剧，就让哥哥假扮成林冲，我则模仿扈三娘。”说起与中国的渊源时，王玫瑰女士笑着回忆道，21 岁那年，她偶然接触到中国的太极拳，从此一练就是 25 年。出于对太极和其他中国文化的热爱，2001 年她决定来到上海，在教授英语的同时，也致力于推动中英文化交流。在她的影响下，越来越多的英国人了解到武术以及武术背后博大精深的中国文化。她常带着一群“老外”打太极拳，还邀请不少英国学生来到上理工，亲身体验中国文化。

王玫瑰女士在中英友好交流中发挥的桥梁作用获得了两国政府的高度赞赏。她在 2011 年被英国女王伊丽莎白二世授予英国员佐勋章，荣膺男爵爵位（MBE），并分别

图 22-4
Rose Oliver 带领国际交流生体验太极活动

图 22-5
Rose Oliver（右三）教英国利物浦约翰摩尔大学学生太极

图 22-6
沪江文化园俯瞰图

于 2013 年、2019 年荣获上海市“白玉兰纪念奖”和“白玉兰荣誉奖”。在她身上，体现着沪江国际文化园推动民间外交的重要使命。

（供稿：翁佳）

滬江美術館

上海理工大学
沪江美术馆

标　　签：

美育实践基地、展览场馆

地　　点：

上海理工大学军工路北校区

建筑特点：

20 世纪初期美式小型独立建筑

建成时间：

1917 年

建筑承载大事记：

麦氏医院落成开放（1917），“双百同辉，共传中华文明”——苏州过云楼艺术馆馆藏书画精品展（2016），“虚拟布拉格”双年展 10 周年回顾展及 Karel Misek 个人作品展（2017）

建筑赏析：

上海理工大学沪江美术馆高三层，砖混结构。外墙以青砖砌筑底色，拱窗、线脚用红砖砌筑，连续拱窗形成韵律，高耸的红瓦坡屋顶下设有阁楼层。整体庄重简朴，少有附加装饰。建筑原系沪江大学附属医院，内设诊察室、疗养室、药房及医生办公室等，1949 年后改为学校教职员工 211 号家属楼。目前为学校的沪江美术馆，承办艺术展览。

阅尽铅华　梁间流芳

图 23-1
麦氏医院改建而成的沪江美术馆

上海理工大学沪江美术馆位于军工路北校区校门入口、湛恩大道北侧，是一座三层老建筑。它于1917年建成，同年5月16日举行开业典礼。建筑费用由中外人士募捐，美国亚历山大·麦克来氏（Alexander McLeish）捐款数额最高，故名麦氏医院（Mcleish Infirmary），又名普济医院。原为沪江大学附属医院，兼为沪江大学附近乡民诊治。上海机械学院时期用作家属楼，现为沪江美术馆。

麦氏医院为二层砖混结构建筑，大坡度屋顶内设阁楼层，青砖外墙，线脚、腰线、门窗套用红砖砌筑，一面设外廊。麦氏医院原有建筑今天保存完好，具有非常重要的历史纪念意义。

济穷利众 医院落成

20世纪初，沪江大学初创时，校园附近方圆数十里内村落连绵，人口众多，却根本没有医院或医生。而要从公共租界请一位医生出诊，至少要花半天时间。当时不少乡民家庭贫困，生病无力诊治，加之受封建观念影响，患病后便求神拜佛、祈求平安，因此急需设立医院为师生员工和乡民提供医疗服务。

1916年11月沪江大学《天籁报》第4卷第3号中的纪事栏目《沪江春秋》对医院的创建作了记载："本校谋建医院，济穷利众。美国善士捐来五千元，又向校友筹措千元。现既匇工从事，今冬可以落成。主院事者，雷医生也。"建造医院的费用由校内的中西人士募捐而来，且主要由麦克来氏捐助，故名麦氏医院。麦克来氏先生是美国芝加哥一家百货公司的经理，刘湛恩留学美国期间也曾受过其资助。

当时在校就读的徐志摩任《天籁报》汉文书记，他对麦氏医院的捐款名单作了记载。在这份题为《沪江大学附设普济医院捐款征信录》的名单中，除麦克来氏外，捐款排在前四位的是：朱博泉100元、尤济清70元、唐乃安50元、徐章垿（即徐志摩）50元。徐志摩1915年进入沪江大学，开始了他在沪江大学短暂而美好的求学时光。从捐款名单中可见，徐志摩的捐款数目只低于朱博泉的100元和尤济清的70元，与唐乃

滬江大學附設普濟醫院捐款徵信錄

朱博泉君 一百元　許樹滋君 二十元　周福初君 九角　賴漢濱君 一元
尤濟清君 七十元　朱宗濂君 十元　錢玉麒君 二元　賴管南君 一元
唐乃安君 五十元　經儉甫君 十元　王惠安君 一元　盧谷山君 五元
徐章埒君 五十元　虞厚發君 一元　忻春生君 九角　張規灰君 一元
張樹屏君 五十元　郞采芹君 十二元　虞厚仁君 一元　賴新益興 二元
孫關生君 三十元　卞樹錕君 五元　虞厚利君 一元　秋雲堂 五元
胡景澄君 四十元　朱先生 一元　蔡鳴鏘君 二元　賴斗岩君 二元
朱葆珊君 五十元　葛子廷君 一元　盧佐臣君 十元　張南賓君 一元
謝衡聰君 五十元　吳筱谷君 五元　賴熙廷君 一元　賴錫疇君 一元
黃伯惠君 二十元　嚴鴻章君 三元　蘇淮川君 一元　盧炎生君 一元
梁望秋君 十元　徐安甫君 二元　秋雲堂 五元　賴明齋君 一元
高鳳池君 二十元　徐友甫君 二元　姜甡昌君 一元　裕源成號 十元
朱健行君 二十元　俞王氏 一元　盧仁聲隆 一元　逸省氏 二十元
李馥蓀君 二十元　俞康澍君 一元　盧實秋君 一元　陳仲蕃君 一元
麥陳氏君 一元　吳文元君 五元　林裕隆號 一元　金培利君 一元

唐耀簡君 五元　吳亞伯君 五元　吳爾亭君 五元　裘家奎君 五元
閔伯華君 一元　趙桂芬君 五元　徐和齋君 五元　童文萊君 二元
閔桐華君 四角半　劉貴才君 十元　陳達甫君 五元　李祖椿君 二元
潘贊君 一元　王叔翀君 五元　劉振源君 四元四角　陳伯康君 二元
周維新君 二元　王庚伯君 二元　倪女士 五元　張勉堅君 二元
董景安君 十元　劉灼榮君 十元　楊星垣君 一元　錢振亞君 一元
吳東初君 五元　柴啟泰君 四元四角　施振林君 一元　鄺富灼君 一元
潘子放君 五元　周慶禮君 四元四角　倪鴻文君 三元　吳穎達君 五元
張立民君 五元　余芷津君 五元　丁彩生君 二元　劉大鼎君 一元
林杏蓀君 五元　徐采庭君 四元四角　董培林金生君 五十元　朱福康君 五元
繆秋生君 五元　童子剛君 四元四角　嚴敦熉君 一元　王有廷君 二元
嚴恩椿君 五元　薛俊升君 一元　鄒方珩君 一元　邵慶源君 一元
朱乃鳳君 五元　聖日課 二十四元七角　黃瑞生君 三元六角八分　王鎣彥君 三元六角四分
顧泰來君 四元　張慧觀君 二元　于壽春君 五元　無名氏 一元
孫超煊君 二元　伍太太 二十元　趙信光君 二元

共捐得洋一千零三十九元二角四分正

图 23-2
沪江大学附设普济医院捐款征信录

安、张树屏、朱葆珊等并列第 3，名列第 4，甚至超过了当时的代校长董景安。当然这与其家境殷实不无关系，其父亲徐申如是清末民初的实业家，徐氏世代经商，是当时的江南经济重镇——浙江海宁硖石镇的首富。

征信录上排列在徐志摩之前的朱博泉、尤济清、唐乃安的趣事也不少。朱博泉 1915 年考进沪江大学，其父亲朱晓南是杭州著名实业家，是 1909 年官商合资创办的浙江银行第一任董事长。1919 年，朱博泉从沪江大学毕业后留学哥伦比亚大学，学习银行学及工商管理学，后在纽约花旗银行总行实习。1921 年回国，供职于浙江实业银行（原浙江银行）上海总行。1928 年，财务部长宋子文任命他为中央银行总稽核，国民政府主席林森和行政院长孙科任命他为中央银行业务局总经理。在 20 世纪 30 年代，朱博泉曾身兼金融、教育、娱乐等各界头衔多达 108 个。尤济清，字菊荪，江苏无锡人，沪江大学 1921 届肄业，曾任安利洋行机器、棉花两部买办。唐乃安是庚子赔款资助的首批留洋学生，学成归国后先在北洋舰队当医生，后在上海开私人诊所，是沪上著名的西医。他的儿子唐腴庐 1917 年从沪江大学附中毕业后留学美国，是宋子文的好友和秘书。1931 年，在上海火车站因与宋子文打扮相近而招刺客误杀。

麦氏医院位于沪江大学密氏校门附近，于 1917 年 5 月 16 日下午 3 时举行落成开幕典礼。医院内设诊察室、疗养室、药室及校医办公室等。建筑立面开窗，对称严谨，窗楣为拱券形式，如今原外立面经重新涂刷，材质已不可见，屋顶烟囱经改建也已不复存在。

图 23-3
麦氏医院建筑旧影

悬壶济世 医者仁心

麦氏医院第一位驻院医生是医学博士雷盛休（Dr. George Arthur Huntley），他曾就读于伦敦市立大学、弗尔蒙大学、纽约大学、哈佛大学。雷盛休博士及其夫人曾在湖北汉口行医多年，并于武昌起义时加入红十字会，在枪林弹雨之中奋不顾身冒险救人，事后由孙中山授予四等嘉禾章。1915 年，学校慕名聘其为校医，之后雷盛休在沪江大学任校医近 10 年。雷盛休夫人是一位专业护士，是他的助手。此外，雷盛休还在家里开了一个诊所，以便学校里的人无论白天黑夜都可去看病。他在校期间不仅为大家治病，还教授生理卫生学课程。他讲授的生理学、卫生学和环境卫生学使学生犹如久旱逢甘霖，受益匪浅。1924 年雷盛休及其夫人退休后回到美国。

在雷盛休之后担任校医的是医学博士德克（Dr. Henry W. Decker），他毕业于里士满大学和弗吉尼亚医学院。德克博士 1920 年来到中国，并于 1920 年至 1921 年在雷盛休回国休假期间任沪江大学代理校医；1922 年至 1924 年间担任沪东公社医院内外科医生（沪东公社是沪江大学在学校所在的杨树浦地区创办的近代中国第一家社会服务机构）；又在雷盛休退休后，于 1924 年至 1925 年间任代理校医；1925 年因患重疾而被迫返回美国。德克及其夫人给沪江大学和杨树浦地区的人们留下了极为深刻的印象。

还有一位重要的医生是医学博士赖祖光，朋友们都叫他丹·赖医师（Dr. Dan Lai），他是沪江大学 1918 届的毕业生。大学毕业后，他留学美国，毕业于芝加哥鲁希医学院。回国后，他于 1928 年至 1932 年间任沪江大学校医，为校园师生和周围的乡民施医施药。赖祖光的夫人也是医学博士，于 1932 年至 1937 年间任沪江大学校医。

这些传奇的名医都曾经工作在麦氏医院，他们用爱驻守生命的堤岸，托举了新生的希望，在人们心中留下了深深的印记。

屹立百年 优雅不减

掀开历史风尘的帷幕，麦氏医院迎来了中华人民共和国成立后的新发展。伴随着经济社会的发展，高校教育、卫生事业取得了长足进步，麦氏医院已不能满足高校医疗服务需求，学校将其改为教职员工 211 号家属楼。2005 年 10 月 31 日，211 号家属楼被列为上海市第四批优秀历史建筑。2006 年上理工百年校庆前，学校对部分老建筑进行动迁保护，赋予其新的内涵，以适应现代校园的功能需求，麦氏医院建筑由此获得新生。百年校庆时，上海理工大学定校训为“信义勤爱，思学志远”，学校 4 条干道也相继被命名为“湛恩大道”“诚信大道”“仁义大道”和“勤勉大道”。

伴随历史的脚步，它见证了上理工学子的成长和破浪远航，在这里，诞生了一大批活跃在国际文化交流领域的人士：“铁门”张邦纶名满远东，曾被选为中国足球队守门员参加在伦敦和赫尔辛基举行的第十四、十五两届奥林匹克运动会足球大赛；著名诗人李一氓曾任中国驻缅甸大使；李道豫曾任中国常驻联合国代表、特命全权大使，中国驻美国特命全权大使；倪征燠是新中国第一位国际大法官，首任联合国国际法院法官，并参与了“东京审判”；香港太平绅士林贝聿嘉女士是著名的社会活动家。而在今天的校园里，还有在 2008 年汶川大地震中救灾抢险，被媒体誉为“担架”的英语专业大四学生侯宇；夺得全国大学生英语辩论赛一等奖的周寅、薛等同学等时代骄子。

如今学校已将麦氏医院改建为沪江美术馆。第六届“上海当代学院版画展”曾在此处举办并举行开幕式。“上海当代学院版画作品展”是上海美术家协会和上海高校共同主办的品牌展项，在上海高校中具有较大影响力。此次展览共收到来自上海 16 所高校的 130 多幅作品，最终展出 60 余件。展出作品内容涵盖了木版、铜版、石版、丝网印刷等多个版种，集中体现了上海高校师生版画的创作水平。

沪江美术馆建筑四周香樟茁壮成长，乔木葱茏，景致清幽，憩养其间，令人心旷神怡。麦氏医院老建筑历经一个多世纪的风雨洗礼，却依然优雅不减。它领略过西学的熏陶，抵抗过烽火的纷扰，仍屹立于沪江之畔，焕发出新的生机。

（供稿：安守超、翁佳）

上海音乐学院
专家楼

地　　点：

上海音乐学院

建筑特点：

德式风格建筑

建成时间：

1926 年

建筑承载大事记：

作为比利时驻沪领事馆（1927），作为上音专家楼（1958）

建筑赏析：

上海音乐学院专家楼，最早为比利时驻沪领事馆，现用于办公、学生宿舍和接待专家。这座具有德式风格的建筑为砖、木、混凝土混合三层结构，双折屋面，设有双坡老虎窗；底层为砖墙，水泥粗拉毛墙面，局部为毛石饰面；半圆的拱券门窗洞，券身突出毛石间隔点缀，二层露台栏杆雕饰精美，与墙面形成强烈对比。专家楼虽历经近百年风雨，但经过精心保护修缮后，仍焕发着历史建筑的独特魅力。

乐音绕梁　永久奏鸣

图 24-1
专家楼正面

穿过淮海中路上鳞次栉比、时尚现代的高楼大厦，拐个弯，就走进了一条林阴遮蔽的幽静小路——汾阳路。

仿若穿越时光，树高枝繁的汾阳路两旁，一座座风格迥异、各呈奇姿的小洋楼若隐若现，有汾阳路 79 号的法租界公董局总董官邸，汾阳路 45 号的丁贵堂旧居、潘澄波旧居，汾阳路 150 号的白公馆，等等。

门牌号为汾阳路 20 号的上海音乐学院专家楼，在其中特别引人注目。这座具有近百年历史、曾为比利时驻沪领事馆的老楼，在经过精心修缮保护后，焕发着优秀历史建筑的独特魅力。

时代印记
外交风云

这座洋楼建于 1926 年，为砖、木、混凝土混合结构，共三层，高约为 17.8 米，建筑面积约为 720 平方米。这座具有德式风格的建筑为孟沙式双折屋面，双坡老虎窗，屋

图 24–2
专家楼侧影

图 24-3
内部楼梯

顶错落有致。底层为砖墙，水泥粗拉毛墙面，部分墙体采用毛石饰面，半圆拱券门洞和窗洞，券身突出毛石间隔点缀，整体极富特色，局部带有北欧风格。内部楼梯、护壁、壁炉等装饰为西式风格，做工考究。

1927 年起，这里辟设为比利时驻沪领事馆，当时的总领事是瓦·豪特（J.Van Haute）。比利时公使纪佑穆自 1934 年滞留上海起，就住在此馆。1941 年 12 月太平洋战争爆发后，领事馆关闭。1945 年 9 月在原址重开。

睹物思人
韵味悠长

1958 年，著名作曲家、音乐理论家、音乐教育家贺绿汀担任院长期间，上海音乐学院从漕河泾迁入此处，该楼主要作学院办公、学生宿舍和接待专家之用，由此被称为“专家楼”。据上音老校友回忆，该楼还曾被作为资料室，当时资料室搬迁，在老洋房里遗落了很多乐谱、书籍，全

图 24-4
专家楼一角

部都是用油纸印的，具有研究收藏价值。2004 年，上音专家楼被列入上海市第四批优秀历史建筑。

对于历届上海音乐学院的师生而言，他们对上音的一部分记忆，留存在上音校园的建筑上。经年累月被风雨侵蚀的建筑，会和时间一起让这份记忆渐渐模糊，而修复优秀历史建筑汾阳路 20 号，可以让模糊了的校园记忆重新清晰起来。2008 年，上海音乐学院决定对汾阳路 20 号专家楼进行修缮保护，重现百年历史建筑的品位和格调。

如今，该楼的布局基本保持不变。自北面的大门进入，一楼是 1 间小巧的门厅；二层有 3 间客房和 1 间会议室，连接着外面宽敞舒适的阳台，从阳台眺望草坪，能看到一代音乐宗师黄自的雕像；三层则有 5 间客房，客房内座椅、吊灯、桌子等均装饰以弧形线条，与建筑的德式风格保持一致。

图 24-5
专家楼侧影

图 24-6
专家楼航拍图

上音专家楼虽然历经近百年的风雨，依旧难掩其独特风韵，如今在我们眼前熠熠生辉的记忆载体，记录着一段段由流动建筑与凝固乐音共同构建的永久奏鸣曲。

（撰稿：蔡琰、戴蔚）

上海音乐学院附中9号楼

地　　点：

上海音乐学院附中

建筑特点：

法式花园洋房

建成时间：

20 世纪 30 年代

建筑承载大事记：

被称为“爱庐”（1927），被用作上音附中教学用楼（1978）

建筑赏析：

上海音乐学院附中 9 号楼最早为蒋介石和宋美龄的居所，现为上海音乐学院教学用楼。建筑是典型的法式花园洋房，由东、西、中不同的三个部分构成。主楼有很强的层次感，东部比其他部分跨出一截，中部券门较宽阔，带有内廊。主楼南面原有占地 30 多亩的大花园，现已缩小。外墙嵌着五彩鹅卵石，屋面为孟沙坡面式，上铺红色平板瓦，烟囱和老虎窗错落有致。整体建筑风貌得到了较好的保护，其内部曾历经多次改造，以适应新的功能需求。

曲声悠悠　芳华依旧

图 25-1
9 号楼整体外观

上海音乐学院附中最有特色的校园建筑，当数其拥有的几幢西式洋楼，它们由衡山路至岳阳路，沿东平路一字排开。这些建筑历久弥新，成为上海的时尚地标。

这片建筑群中，数 9 号楼最为著名。早在 1997 年，这幢住宅就被列入上海市第二批近代优秀建筑。它外观风格大气沉稳，具有法式的奢华浪漫，不仅是东平路别墅群中体量最大的，更因为有一段独特的历史而被人称道。

雅致“爱庐”别有洞天

20 世纪 30 年代前后，当东平路还叫贾尔业爱路、隶属于法租界的时候，宋氏兄弟就买下了现在东平路 9 号的这栋花园洋房及其附楼，作为宋美龄和蒋介石结婚时的陪嫁。当时，孔宋家族的别墅群的出入口位于衡山路，后又辟出一条东平路，别墅的出入口就换到了东平路。

东平路 9 号是典型的法式花园洋房，面南背北而建，

图 25-2
绿植掩映中的法式花园洋房

由外形不一的东、西、中三个部分构成。其中，主楼有很强的层次感，东部则比其他部分向前跨出一截，而中部的券门较宽阔，带有内廊。

主楼南面原有占地 30 多亩的大花园，现已缩小。顺着花园往前走几十步有一汪池水，池水旁有一前一后、一大一小两座假山，在一块突兀的假山石上，镌刻着蒋介石亲笔题写的“爱庐”两字。蒋介石把庐山牯岭别墅称为“美庐”，把杭州西湖的别墅称作“澄庐”，把上海这所住宅唤为“爱庐”，足见他对这幢洋房的喜爱。整栋别墅外墙嵌着或黑或白或黄的鹅卵石，屋面是孟沙坡面式的，上面铺着红色的瓦片，这些菱形状瓦片十分有个性，在本区域也是独一无二，十分受人喜爱。瓦片的正规名称是巴特勒水泥瓦，为英国进口，外观是一种很特别的红褐色。屋面是孟沙坡面式的，二层的阳台弧度很小，显示了优雅收敛的贵族气质；清水卵石的墙面，是当时欧洲流行的外墙装饰式样；屋顶的烟囱和老虎窗，都错落有致、恰到好处。

保护完好 风韵犹存

虽然历经沧桑，但是整栋建筑仍然得到了相当好的保护，楼梯、壁炉、装饰护墙板、二楼的地板都基本保存完好。在二楼排练厅和其他房间之间的过道，靠天花板处做了拱形拱券，与门楣的线条相互呼应，另一侧有宽敞的窗，通过微光印证着时代的风韵。楼道里的地板、楼梯和门都仿佛在低眉细语间讲述着当年别样的风情。

当年，这座建筑作为蒋宋居所时，一楼的东部是作为豪华客厅使用的，蒋氏夫妇在这里接待各地来宾。客厅布置颇为风雅，高级沙发、名贵的字画、庄重的陈设、地上铺着的老式嵌木地板，足见蒋宋夫妇的高端品位。

主楼东侧的二楼原是蒋介石、宋美龄的卧室及卫生间，面积约 100 平方米。

东西部之间的部分原为蒋、宋起居用的书房和餐厅。西面是警卫、秘书和厨师的房间和生活区域，这个隐秘的区域需从边门进入，另有专用楼梯上楼，有门通向会客室外的过道。附楼则是侍从、警卫人员的住所及办公室。

图 25-3
内部楼梯、门窗

修旧如旧
洗尽铅华

1978 年上音附中复校，该建筑被用作室内乐教学的楼房。如今它的外表一如往昔，其内部装潢亦保持当年的风味，历经多次整修，修旧如旧。虽然昔日的奢华几经消磨，但今日它将用更加朴素的风姿创造更加灿烂的荣光。

现在主楼一楼的大会议室和客厅变作了排练厅，学生们的专业课、小型演奏会、大师班等活动常在这里举行，一代又一代青年在这里谱写、吟唱他们的芳华，一批又一批学子在这里奏响歌颂时代的凯歌。二楼的卧室与卫生间已打通，成为学校的多功能会议室，其他的房间也都根据室内乐教学所需进行了改造。

每当乐声悠扬地飘荡起来，东平路 9 号就被美妙的音符包围着。上音附中人遵循“传承创新、开拓进取、深化内涵、历练精品”的办学理念，在浪漫的艺术气息之中重视基础学习、强化专业训练、勤于艺术实践、注重全面培养，让老建筑焕发新的风采、在老建筑的见证下努力奋斗！

（撰稿：蔡琰）

上海音乐学院
贺绿汀音乐厅

地　　点：

上海音乐学院

建筑特点：

古典欧式风格建筑

建成时间：

20 世纪初

建筑承载大事记：

1958 年以来经过 3 次改造

建筑赏析：

上海音乐学院贺绿汀音乐厅原是犹太人俱乐部建筑的一部分。建筑迄今历经 3 次改造：1958 年改建成为上音大礼堂；20 世纪 70 年代在原有基础上进行了声场优化，增加了吸声处理，安装了水泥木丝板；2002 年破土重建，2003 年落成首演。音乐厅的建筑和声学设计参照了多个世界著名同类型音乐厅的风格和技术，采用开敞式舞台，使用大量特殊技术和新材料。具有古典欧式风格的音乐厅是学院重要的教学场所，也是上海重要的文化演出场馆之一。

大师之名　大雅之堂

图 26-1
贺绿汀音乐厅外景

贺绿汀音乐厅坐落于绿树成荫的上海市汾阳路 20 号上海音乐学院内，原先是犹太人俱乐部建筑的一部分，迄今经历了 3 次改造：1958 年改建成为上音大礼堂，20 世纪 70 年代进行了一些声场优化、增加了吸声处理、安装了水泥木丝板，2002 年 7 月 1 日破土重建，2003 年 9 月 20 日落成首演。

具有古典欧式风格的贺绿汀音乐厅是学院重要的教学、艺术实践场所，也是上海重要的文化演出场馆之一。音乐厅建筑风格稳重大方、典雅华贵，和毗邻的办公楼建筑风格浑然一体。

欧式风格
美轮美奂

音乐厅建筑面积 4324 平方米，其中剧场面积 537 平方米，层高 14 米。古典欧式风格，高大敞亮、美轮美奂。音乐厅的建筑和声学设计参照了维也纳金色大厅等世界著名

图 26–2
贺绿汀音乐厅内厅

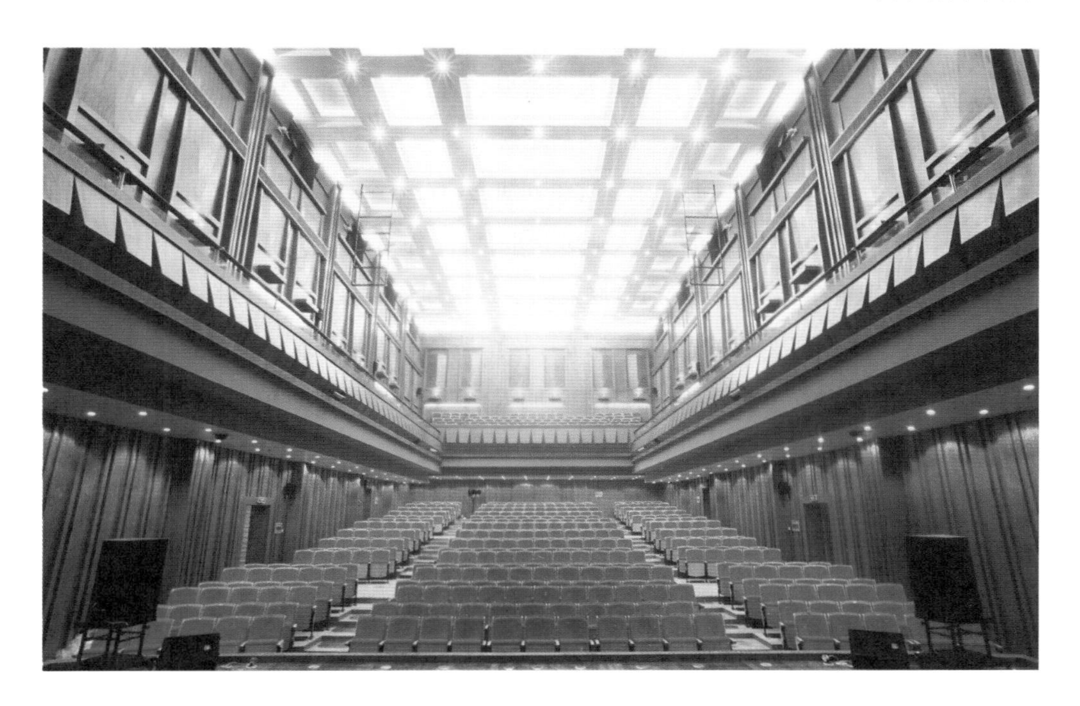

同类型音乐厅的风格和技术，开敞式舞台，宽 14.9 米，深 8.4 米，舞台面积 125 平方米，可容纳三管制乐队演奏，长方形观众厅共二层 744 座，音质混响时间（中频）达 1.8 秒。音乐厅在设计和施工中使用了大量特殊技术和新材料。辅助用房共三层，其中一层为贵宾休息室、演员化妆室、指挥休息室、钢琴储藏室，二层为交响乐排练室，三层为民乐排练室，各层均有办公用房。

音乐厅共有 4 台三角钢琴，其中 Steinway Sons 2 台、Bechstein 1 台、Fazioli 1 台。自 2013 年起对原有音响、灯光设备进行更新，现有 Soundcraft 数码调音台 1 台、Mackie 有源音箱及低音音箱 6 只、电脑灯光 6 只、吊杆 12 根、Schoeps Cmit 5U 电容话筒 4 支、Sennheiser Em2050/935 及 Shure 无线话筒 6 套、DPA 立体声话筒 1 套。辅助设施有中央横幅字幕屏 1 块、户外横版 LED 屏（576cm × 384cm）1 块、合唱台阶（四层式）6 组、乐队平台等先进的专业舞台演出设备，能满足举办各类音乐会的需要。

实践舞台
文化地标

上海音乐学院贺绿汀音乐厅落成后由上海上音演出有限公司负责经营管理。建成当年 11 月在此举办了“贺绿汀百年诞辰纪念大会”，多届“上海之春国际音乐节”上海音乐学院系列演出均在此举行，还陆续举办过上海音乐学院国际钢琴比赛、上海国际歌剧大师班音乐会、上海音乐学院国际打击乐比赛暨系列音乐会、全国音乐学院电子管风琴联盟大会暨系列音乐会、中国艺术歌曲国际比赛等重大演出。《华夏四神话》和《炎黄颂》管弦作品套曲在这里致敬先贤创造的伟大文明，展望新时代天下大同、联通共荣的美好明天；民族室内乐作品在这里将民族音乐以新的形式、新的面貌再一次推向世界舞台。

音乐厅开业以来，年度演出场次历年递增，年均有 200 场以上，其中学校艺术实践、音才助飞、音才辈出等演出活动占 75%，对外租场占 25%，实现了自音乐大师贺绿汀以来几代上音人的夙愿，为学院的音乐创作、实践提供了优越的舞台条件，也为本市的文化建设增添了一个理想的专业音乐表演场所。

图 26-3
贺绿汀音乐厅夜景

勇于探索、勇于创新的上音人，秉承“海纳百川、追求卓越、兼容并包、和而不同”的大学精神，在这里带来了一场又一场视听盛宴，打造了一座又一座音乐史上的里程碑，在社会主义精神文明建设中引领了时代风尚！

（撰稿：蔡琰）

上海音乐学院
老办公楼

地　　点：

上海音乐学院

建筑特点：

法国文艺复兴风格建筑

建成时间：

20 世纪 10 年代

建筑承载大事记：

作为犹太人俱乐部（20 世纪 10 年代）、作为上音老办公楼（1958）

建筑赏析：

上海音乐学院老办公楼原为上海俄罗斯犹太人俱乐部（Shanghai Jewish Club）建筑的一部分。该建筑为二层砖木结构，属于法国文艺复兴风格，红坡瓦屋顶，烟囱和老虎窗错落有致，主立面对称构图，开窗宽敞，弧形大露台和廊柱轻盈灵动。建筑强调横三段构图和水平向线条，讲究秩序和比例，拥有规整的平面构图以及从古典建筑中继承下来的柱式系统。从整体上看，考究的结构布局不仅凸显了欧洲经典建筑样式的传统风味，更体现出深沉而厚重的历史感。

百年光景　弦歌不辍

图 27-1
造型别致的上音老办公楼

弧形大露台、落地窗、廊柱……走进上音校园，这幢精致典雅的欧式建筑矗立眼前。它经历了百年时光的雕琢，依旧静静地坐落于此，看着过往如梭的年轻音符跃动、欢腾。这里就是许多摄影爱好者流连之地——上海音乐学院老办公楼。

欧式经典
布局考究

该建筑属于法国文艺复兴风格，强调横三段构图和水平向线条。文艺复兴风格是一种在 15—19 世纪流行于欧洲的建筑风格，最初起源于意大利，后逐渐影响法国、英国、德国等国家。这种风格排斥象征神权至上的

图 27–2
老办公楼正门

哥特建筑风格，提倡复兴古罗马时期的建筑形式，讲究秩序和比例，拥有严谨的平面构图以及从古典建筑中继承下来的柱式系统。从整体上看，考究的结构布局不仅凸显了欧洲经典建筑样式的传统风味，更体现出深沉而厚重的历史感。

图 27-3
内部仍保留着当年的格局

时代记忆
音乐承续

这栋典型的西式建筑原为上海俄罗斯犹太人俱乐部，或称“上海犹太人总会”的一部分，记录着这一特殊群体在当时的生活境况。20 世纪初，上海出现了大量欧洲犹太难民，由于生计所迫以及对艺术文化生活的需要，一大

图 27-4
老办公楼二楼

批犹太艺术家也出现在了这一群体当中。这批人中不乏当时著名的钢琴家、小提琴家和歌唱家，他们在战火纷飞的年代，为上海乃至中国的音乐文化发展带来一片晴空。犹太人的不懈努力，为近代上海音乐文化的发展培养了大量人才，而早期上海国立音专的很多教师也都是犹太人，比如犹太小提琴家富华教授培养了戴粹伦、陈又新；犹太钢琴家博朗斯坦曾教过傅聪；谭抒真、范继森、丁善德等也曾受教于犹太音乐家。

时至今日，老办公楼里依然保留着老一辈学校领导辛勤工作的记忆，很多美好珍贵的往事，都被档案馆完好保存

图 27-5
绿树掩映中的老办公楼

着。贺绿汀、桑桐两位老院长的办公室，曾经就在老办公楼二楼。贺老办公室里的红木写字台、圈椅和书架，至今仍然保存在上海音乐学院。据老校友回忆，贺绿汀院长办公室的门常年对外敞开，如果学生有什么建议或申诉，都可以直接去找院长，他在管理和教学上有着非常开明的方法。

正如上海音乐学院院歌中唱的“神州大地蟠东方，沈沈数千载，典乐复职宏国光”，曾经为了上音乃至中国音乐事业奉献了一生的人们虽然已离我们远去，但这一幢幢在历史涤荡中依旧伫立的建筑，恰似“和毅庄诚”的院训一般，引领上音学子在传承中奋进，在发展中创新，发出掷地有声的中华之音！

（撰稿：蔡琰、熊至尧）

上海戏剧学院
熊佛西楼

标　　签：

上海戏剧学院地标建筑

地　　点：

上海戏剧学院华山路校区

建筑特点：

清水砖墙，木构围廊

建成时间：

1903 年

建筑承载大事记：

作为“台尔蒙俱乐部”（1903—1945），被命名为“熊佛西楼”（2001）

建筑赏析：

熊佛西楼原为在沪德商休闲交际的德国乡村俱乐部，是德侨在大西路（今延安西路）建造的诸多建筑之一。建筑为砖木结构，主楼二层，青红砖清水外墙。平缓的四坡屋顶、开敞的列柱围廊和建筑基座体现出典型的近代早期外廊式建筑特征。建筑围廊宽敞，外廊木桩采用斜撑支撑结构，并具有装饰效果，铁艺栏杆优美，制作精致，外墙平拱和圆拱结合，使得立面活泼。熊佛西楼与其侧楼曾经是中央电影公司的录音棚，如今被改造为学院的新实验空间，是上戏的地标性建筑。

薪火相传 戏剧精神

图 28-1
熊佛西楼正面

20 世纪初，现在的静安区华山路地段还属于上海租界西端。1903 年，一名德国建筑师在此设计并建造了“台尔蒙俱乐部”，这就是如今上海戏剧学院华山路校区内的熊佛西楼。1920 年，俱乐部又在主楼的边上建造了红砖小楼，用作舞厅和电影放映等娱乐用途，这就是后来上海戏剧学院的新实验空间。该建筑融合了中国建筑与西方建筑的特点，在细节中体现大气、精致和优雅。它既不具有中国传统园林建筑小巧玲珑的特征，也并非粗犷、张扬、个性十足。它的美学手段不是炫耀、喧闹的，而是含蓄、宁静的。如同一杯好酒，在细细欣赏之下，才会发现它是如此和谐，如此美丽。

2000 年，由于砖木结构年久失修，上海戏剧学院准备对其进行修缮。当时，这种早期的假三层砖木结构回廊式建筑在上海已不多见，更显出它的珍贵。鉴于这个建筑风格的历史价值，以及此楼对于学校的历史意义，经过学校领导反复研究，达成共识：修缮中除了改善使用功能外，还要保留历史记忆和建筑本身具有的艺术审美价值，使之成为学校的地标性建筑。

回眸历史
继承精神

最早，这幢楼并不叫熊佛西楼。第一次世界大战后，德国战败，德国人在上海原迈尔西爱路（今茂名南路）建造的乡村俱乐部被战胜国法国作为地产没收，所以德侨开始在海格路重新建设新的乡村俱乐部、学校、教堂、德国洋行，“台尔蒙俱乐部”就是其中之一。之所以叫“台尔蒙”，是因为德侨所建造的这家俱乐部的门牌号——海格路（今华山路）452 号曾在 1932—1941 年的《上海行号录》里登记有一家名为 Del Monte Café 的餐厅。俱乐部是侨居在上海的德国商人和侨民在沪的休闲和交际场所。

1945 年抗战胜利后，从大后方回到上海的中央电影公司二厂迁来此地，并将“台尔蒙”的房舍进行改装后用作电影录音室，不少缺乏设备的制片公司常来此处借“台尔蒙”完成影片的后期制作。一时间，这里成为上海电影人的汇聚之所，许多著名的电影在这里配音、配乐、录歌，导演费穆、沈浮、蔡楚生、汤晓丹、顾而已，电影明星赵丹、周璇、谢添、蓝马，音乐家陈歌辛、严华等都经常出入其间。

1949 年春，为迎接上海解放，上海戏剧学院的前身——上海市立实验戏剧学校（简称剧校）成立应变组。为了守护学校的资产，在熊佛西（1900—1965）校长的安排下，当时剧校在四川北路的部分校产被转移到此，剧校地下党组织学生在这里秘密活动，书写迎接上海解放的标语，绘制宣传画。

1955 年，剧校由四川北路横浜桥正式搬迁至华山路 630 号，并正式将其更名为上海戏剧学院。当今的一批话剧艺术家、电影演员的艺术之路都是从这里开始的。

2000 年上海戏剧学院对该建筑进行修缮。修缮时特

图 28-2
熊佛西楼侧面回廊

别注意保护、尊重和延续老工匠的手艺，平圈拱圈门窗洞、砖墩装饰纹样、墙转角的防撞处理均按照当年的工艺恢复，一丝不苟，外廊觅得相似的花砖，改造后最大限度地复原了原建筑的所有工艺，保持原真效果，更换下来的青石柱座也就地安装，作为旧建筑的遗迹加以保留。

2001年修缮竣工后，为纪念老校长对校园建设的贡献，学校决定将该楼命名为“熊佛西楼”，时任党委书记戴平教授专门邀请著名剧作家杜宣先生题写了楼名。

熊佛西先生对上海戏剧学院的教育教学有着深远的影响。熊佛西是现代著名剧作家、中国新兴话剧运动的开拓者之一。他1920年考入燕京大学，不久加入民众戏剧社，提倡学校戏剧运动。从燕大毕业后在美国哥伦比亚大学获教育学硕士学位，1926年毕业回国到北京国立艺术专门学校戏剧系任主任，为中国培养出第一批受过高等教育的戏剧人才。1947年起担任上海市立戏剧专科学校校长，1965年在上海戏剧学院院长岗位上逝世。熊佛西先生毕生从事戏剧教育工作，为中国的戏剧教育事业作出了杰出的贡献。

上海戏剧学院华山路校区主教学楼红楼的底楼正厅有一面刻着金字的墙，上面是熊佛西先生撰写的培养人才的目标：“培养人才的目标，我以为，首先应该注重人格的陶铸，使得戏剧青年都有健全的人格，是一个堂堂正正的‘人’——爱民族，爱国家，辨是非，有志操的‘人’，然后他才有可能成为一个伟大的艺术家。所以本校的训练目标，不仅是授予学生专门的戏剧知识与技能，更重要的还是训练他们如何做人。”在很长的一段时间里，这是上戏学子们入校必背的校训，也是学校秉承的培养目标。现在的校训“至善至美”也是在此基础上凝练而来的。

熊佛西先生自1947年从顾仲彝先生手里接过上海市立实验戏剧学校的校长一职以来，历经民国末年的风雨飘摇，经历了建国初期的艰难，历经上戏校名的多次更迭。为了戏剧学校的生存与发展，熊佛西先生殚精竭虑，呕心沥血，与师生一起潜心发展学校的教育教学，建立了一套属于戏剧学校自己的教学体系，也为中国的戏剧教育积累了丰富的经验，为上海戏剧学院的辉煌奠定了坚实的基础。他主张兼容并包的学术氛围，主张学术和实践并进的教学方式。他充分利用自己的社会人才资源，尽力聘请许多戏剧界、文艺界的资深专家任教。田汉、洪深、邱玺、曹禺、欧阳予倩、陈白尘等戏剧、文学、音乐界的大家都曾先后在学校任教。

依托精神 融入骨血

在上海戏剧学院华山路校区，当你走进华山路 630 号高高的大门，就会看见一幢古朴、沉静的建筑，这就是熊佛西楼。那宽宽的前门回廊是上晨课的学子们最喜欢的地方。清晨的朝阳，落日的余晖，宽大的回廊，古朴的木质结构，陪伴着、守护着上戏一代代学子的茁壮成长。

熊佛西楼建设较早，地处静安区的繁华地段，它不仅见证了上海解放之前的繁华，还历经了大上海电影事业的繁荣。

市立实验戏剧专科学校搬来之后，无论上戏的校名如何更迭，熊佛西楼都巍然屹立，见证了一位又一位上戏学子扬帆起航。上戏为上海乃至全国培养了近万名艺术专门人才，其中相当一部分成为在上海、中国乃至世界的戏剧、影视、舞蹈和美术界有影响的著名艺术家。

在熊佛西楼前与它隔路相望的是熊佛西先生的雕塑，每到学校实验剧院有演出的时候，舞台上的老师学生们收到的鲜花，大部分都会放到熊佛西先生的雕塑前，希望熊佛西先生能够看到后辈们在舞台上取得的成就和自己的戏剧精神在后辈学子的身上延续和发扬。

文学大家余秋雨先生是上海戏剧学院的学生，也曾经担任过上海戏剧学院的院长，对上戏有着特殊的感情。他在上戏校园改造时曾经写下这样的文字："有了这么美好的校园，这个城市会多一份安详和宁静，中国戏剧界也会多一份镇定。不管是学生、教师还是干部、工人，也不管你愿不愿意，你的生命至少已和这个校园结下了缘分，那么，你就与校园建立了一种'互构关系'，你参与着校园的构建，校园也构建着你。请多到校园走走吧，像熊佛西先生一样，用轻柔沉稳的脚步，来体察它的升沉荣辱，感受它的叹息和兴奋。只有在我们所有人的卫护下，它才有力量反过来卫护我们。"是的，校园

图 28-3
熊佛西雕塑

和学子无论在生活上，还是在精神上，都是一种“互构”的关系，他们是互相溶于骨血的，是互相浸润的。

“大地重光，江海浩荡，在东方巨港，矗立着一座戏剧教育的巍峨殿堂。”建筑承载的历史和继承的人文精神，在一代代学子们身上展现，也随着上戏学子在祖国各地盛放。在上戏的校园里，莘莘学子倾听大地的呼声，投身社会的课堂，在这样一座积淀丰富精神内涵的历史建筑里学习、成长，让我们看到戏剧的人生、人类的精神在这里闪光。

（撰稿：顾颖）

上海戏剧学院
端钧剧场

标　　签：

学院派戏剧家的摇篮

地　　点：

上海戏剧学院华山路校区

建筑特点：

弧形建筑，玻璃幕墙

建成时间：

1956 年

建筑承载大事记：

演出《一路平安》（1956 年开台演出）、《大雷雨》（2002 年改建前的最后一台演出）、《神仙与好女人》（2004 年改建后的第一场演出）

建筑赏析：

端钧剧场于 1956 年由室内体育馆改建而成，2002 年再次翻修，从内部设施到建筑外观都焕然一新，原先的马赛克墙面全部换成灰色的玻璃幕墙，局部以红色线条勾勒，构成大气简洁而又充满现代感的外形，有一种低调的华丽，幕墙左上角镶嵌着的“上戏剧院”四字醒目而不张扬。改建后的剧院舞台为镜框式结构，高 7 米、宽 12 米、深 36 米。台前乐池舞台设数控变频吊杆 40 道，灯光、音响控制均采用国际先进数码设备，台前乐池可升降，升降机乐池面积 36 平方米，配有宽敞的左右副台。一楼观众厅有座位 510 个，二楼观众厅则有 400 个。

至善至美　戏剧摇篮

图 29–1
改建后的端钧剧场

上海戏剧学院端钧剧场原称实验剧场，又称小剧场。1956年由室内体育馆改建而成的这个300座小型实习剧场貌不惊人，但正是在这不起眼的空间里诞生了200多台各类精彩剧目，1956—1994年几乎所有重要演出、学生毕业公演、实习演出都在这里上演，包括《一路平安》《决裂》《无事生非》《阴谋与爱情》《年青的一代》《雷雨》《上海屋檐下》《家》《罗密欧与朱丽叶》《黑骏马》等。

2002年剧场翻修，并根据地形设计成弧形，面对校园的墙面设计成玻璃幕墙，白天宽敞明亮，晚间璀璨夺目，成为校园中心的亮点。其一层外厅为展示厅，二层为排练

图 29–2
改建前的小剧场

教室，内厅为288座的剧场。

改建前小剧场的电风扇和壁灯是从横浜桥小剧场移过来、由京剧大师梅兰芳专门购置并赠送给当时剧校师生的；灯光控制设备出自吴仞之先生的设计；最有意思的是在舞台南侧楼梯下的一段粉墙上至少留着上百位当今演艺界名人的签名。实验小剧场有个传统，每次新戏演完告别舞台，主要的演职人员都会在这堵墙上留下名字或者刻上特别的记忆符号。遗憾的是，在2002年小剧场重修的时候，这些带有历史记忆的老物件都没有能够留下，40多年的记忆符号随风而逝。

修葺一新
踏梦而至

端钧剧场最早于1956年由室内体育馆改建而来，“文革”后，学校由于地处市中心，校园面积较小，学生没有合适的室内体育馆，就又将剧场隔出一半的面积作为体育馆。同时，小剧场的舞台设施也逐渐老化，低矮的舞台空间也无法适应日益汹涌的戏剧潮流。2002年，经上海市教委批准，小剧场终于迎来了改建的一天。当时，为小剧场暂别送行的是朱端钧先生的得意门生、浙江导演王复民先生，他应邀回母校为1999级表演系指导俄罗斯奥斯特洛夫斯基的《大雷雨》。他怀着真挚的感情为小剧场设计了一个告别仪式：当舞台灯光渐次熄灭，大幕徐徐合上，字幕表上开始滚动1956年8月—2002年2月在这个舞台上演出过的剧目名称。师生们纷纷依依不舍地向小剧场道别。

2004年，小剧场竣工。新建成的剧场舞台为镜框式结构，台前乐池可升降，前厅建成一个中心展示区，不断举办各类画展、设计展。灯光、音响、空调、消防等设施都进行了脱胎换骨的改造。同时，为了纪念已故的教务长、著名导演朱端钧先生，学校将新实验小剧场命名为“端钧剧场”。

当2004年剧场竣工，褪去脚手架和遮尘布的那一刻，展现在大家眼前的是一个晶莹剔透、今非昔比的剧场。它地处学校的中心，玻璃幕墙顺势转弯。入夜，当新的演出在此上演，灯光透过玻璃幕墙，灿亮如昼，犹如校园里一颗璀璨的明珠，点亮了上戏学

图 29–3
《大雷雨》剧照

图 29–4
端钧剧场内部展览

子追梦的征途。踏梦而来的端钧剧场的开台演出是学校与美国巴德学院联合制作的、根据布莱希特《四川好人》改编的话剧《神仙与好女人》。

兼收并蓄
引领四方

朱端钧（1907—1978），浙江余姚人，1926 年考入圣约翰大学，后转入复旦大学外文系，1928 年开始担任导演并撰写影剧评论，20 世纪 30 年代参加左翼剧联，为上海剧社导演过话剧几十部，被剧界誉为沪上四大导演之一。1950 年担任上海剧专（上海戏剧学院的前身）教务长兼表演系主任，1962 年起任上海戏剧学院副院长。

朱端钧擅长汲取传统手法创造新的意境，表现人物内心世界，导演风格质朴、恬淡、细腻、含蓄，是上戏表导演学派引领者。

端钧剧场是学院派戏剧的摇篮，这里诞生了 200 多部各类精彩、经典的剧目。著名戏剧家熊佛西先生、朱端

图 29-5
端钧剧场前朱端钧先生塑像

图 29-6
莫里哀像

钧先生的许多作品在这里推向社会；著名演员祝希娟、焦晃、娄际成、李家耀等都是从这里起步的。这里曾成功举办“中国莎士比亚戏剧节”“国际小剧场戏剧节”，并接待过众多来自世界各地的剧团演出。从这个剧场走出的戏剧艺术工作者、演员、导演、舞美等数以千计。老一辈上戏人对戏剧的热情、对实验话剧的期待都在这里起步。端钧剧场也伴随着学校的悲欢离合、喜怒哀乐，寄托了一代代上戏人的戏剧情怀。

“人生的戏剧，戏剧的人生，人类的精神像那灿烂的明珠在这里闪光。”在这座历久弥新的剧场里，培养的是中华民族的善良儿女，打造的是人类灵魂的青年工匠，莘莘学子接受着先辈的遗产，学习国际化的先进知识，让学院派戏剧在这里孕育，让秉承“至善至美”校训的上戏学子在世界发光！

（供稿：范和生、顾颖）

上海戏剧学院
毓琇楼

地　　点：

上海戏剧学院华山路校区

建筑特点：

青砖红瓦，老式洋房

建筑时间：

20 世纪二三十年代

建筑赏析：

毓琇楼曾经为独立式花园住宅，砖木结构，外墙饰红色陶面砖。坡屋顶低平舒缓，内部建筑平面空间丰富。在上戏搬入之后作过宿舍，如今作为办公空间使用。毓琇楼经过多次改造，最终在 2003 年的修复中将被水泥覆盖的大理石、被吊顶隐藏的石膏装饰以及极具特色的拱形阳台一一修复，恢复了历史建筑应有的样貌。修缮完成后，该建筑以近代文理大师顾毓琇（1902—2002）先生之名命名，以纪念其对“国剧”的推动作用以及对上戏前身上海市立实验戏剧学校的帮助。

向史而新　迎风而进

图 30-1
毓琇楼外景

1990 年一个秋天的早晨，时任上海戏剧学院院长的余秋雨教授在办公室窗前杂乱的树丛中闻到一缕浓郁的桂花香，他感慨学校还有美和花香，信手写下一篇散文

《我们的校园》，从熊佛西时代写到当下，余秋雨大声疾呼，要为柔弱的戏剧女神争夺一片净土。他呼吁学校上下达成默契，首先把校园氛围引向文明、健全、欢快、有魅力、值得回忆的境地。这一天余秋雨下令拆除校园内十余个临时搭建的仓库，上戏的校园改建从那时开始，连续几任院长都非常重视，接连拆除临时搭建的场所，改建校园小剧场，慢慢构建校园绿化，修复校园内几栋老式洋房，毓琇楼也在其中。

毓琇楼是上戏校园内一群20世纪二三十年代的老房子中的一幢，有它独特的魅力和美感。它的前身是一位外国建筑师的工作室，有着朝南带半圆形阳台的房间是主人的客厅，楼中央是大露天平台，西侧有资料室、储藏室、

图 30–2
修复之前的毓琇楼

小厨房和书房，北面是工作室和餐室。1956 年上海市立戏剧专科学校（上戏的前身）搬入时，在办公室和阁楼里还发现了建筑师的绘图工具、旧图纸等旧物。

拂去尘埃 美在新颜

毓琇楼历经几次小修补，直至 2003 年才开始整体修复。凿开表面的水泥地面，露出当年的大理石；小小的楼内每一间都有壁炉，每一个壁炉的样式、材料、砖面都是不同的，历年的小修小补反而使得这所老式洋房美感全失；加之城市道路、校园路面被抬高，使得这座楼的四级台阶和地下通气口被埋入地下，挺拔的黄金比例失调，建筑矮了一截；地下通风口的堵塞使得室内白蚁成害，地板潮湿腐烂。

图 30-3
毓琇楼的彩色玻璃

大修以复原老建筑的历史风貌为主，修复了室内防潮层，修补了雕花壁炉的瓷片，拆除了大平台吊顶，露出了美丽的石膏纹饰，修复已经被石灰浸没的天花板的石膏线脚和花饰，门窗也按照老样子予以恢复，拆除了曾经被封闭的露台，挖开被埋入地下的四级台阶，恢复地下防潮层，搭建了玻璃房，留住了建筑原有的设计美感。老建筑的外立面只做了简单的清洁，去掉后加的附属物、清洗尘垢即可。

老房子的外形、轮廓、色泽、材质、平面的虚实、凹凸、纹饰、图案乃至环境都由当年设计师们苦心营造，经过几十年时间的风雨洗刷，显示出难以复制的独特美。通过修剪建筑物边的大树并重新造型，栽种、移植新的苗木，修缮后的小楼与老树相得益彰，与环境相适相融，焕发新的光彩。

这座修缮后的小楼被命名为毓琇楼，以纪念当年批准剧校建校的中国文理大师顾毓琇先生。

戏剧精神
续写荣光

顾毓琇先生是江苏无锡人，他于 1915 年考进清华学堂，在清华大学时就担任文学社戏剧组的主席、剧社的首任社长，翻译、创作了不少剧本、诗歌和小说。1922 年，他在《小说月报》发表现代话剧剧本《孤鸿》，1923 年他编导的《张约翰》在北平公演，梁实秋曾担任剧中角色。1923 年，顾毓琇从清华毕业，被公派到美国麻省理工学院学习电机工程，先后获得学士、硕士学位，1928 年获科学博士学位，成为从该校取得科学博士学位的第一位中国人。

1945 年，上海戏剧学院的前身——上海市立实验戏剧学校（简称剧校）的最初发起人李健吾先生和黄佐临先生创想成立剧校，初期就得到了时任教育局局长顾毓琇的大力支持。

顾毓琇先生可谓是中国现代话剧的发起人之一，抗战结束，就在上海市教育局任上批准剧校建立。他在新文化运动初始便开始了翻译和创作活动，是“国剧运动”的发起者和积极推动者之一，一生共创作话剧 12 部。他的历史剧和抗战剧曾风靡抗战后方，并被改编成京剧、汉剧和其他地方戏公演。他还完成了《荆轲》《项羽》《苏武》《西施》和《琵琶记》5部历史剧，以及《国手》《国殇》《天鹅》等现代剧。

剧校成立后，历经民国、抗战等时局动荡的年代，经历了“裁撤”等各种各样的风波。在那风雨飘摇的年代，顾毓琇先生多方斡旋，鼎力支持剧校的生存和发展，成

图 30-4
毓琇楼的拱形阳台

为上戏发展历史上不可或缺的重要人物。毓琇楼正是顾毓琇先生为戏剧教育所作贡献的承载，也是戏剧精神的传承。

“出人才、出作品、出思想、出模式”，毓琇楼不仅是一座20世纪二三十年代的老建筑，更是陪伴学校度过漫长过去、见证学校朝着世界一流的多科性教学、创作、研究型专业艺术院校迈进的领路人。这里不仅是上戏师生的办公、学术研究、写作、演出排练的地方，更承载了几十年政治风云变幻、悲欢交集的上戏故事和指日可待的辉煌来日！

（撰稿：范和生、顾颖）

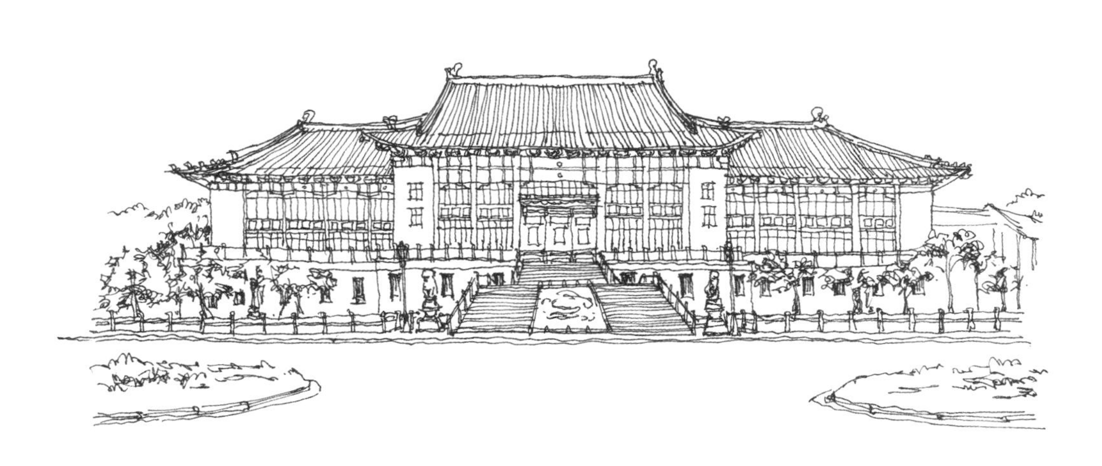

上海体育学院
绿瓦大楼

标　　签：

体育人才的摇篮

地　　点：

上海体育学院

建筑特色：

民族复兴风格建筑

建成时间：

1933 年

建筑承载大事记：

作为当时的上海特别市政府大厦使用（1933），被日军占领（1937），上海体育学院迁址于此（1956）

建筑赏析：

上海体育学院绿瓦大楼由董大酉主持设计，高四层，钢筋混凝土结构。以清式宫殿建筑为蓝本，飞檐大顶，琉璃绿瓦，梁柱斗拱，浓墨重彩，华贵典雅，是中国固有式建筑的典范，在立面、屋顶设计上有所创新，使用当时最先进的设备设施。初建时大楼用作民国上海特别市政府，是“大上海计划”的关键组成部分。一层为各种辅助功能用房和宴会厅，二层为大礼堂、会议室、图书室，三层为市长及各科职员办公室，四层处于屋顶之下，用作储藏室、档案室等。

承载记忆　重获新生

图 31-1
绿瓦大楼正面

今天被上海体育学院广大师生称为绿瓦大楼的学院行政办公楼，已经伴随学院风雨兼程半个多世纪。这座曾遭日寇肆意焚毁的大楼身后隐藏着一段民族盛衰的历史，激励着一代代学子报效国家的凌云之志。

新古典主义典范

绿瓦大楼作为20世纪30年代的上海特别市政府大厦，作为“大上海计划”中最重要的建筑，无疑是中国新古典主义建筑的典范。当时的设计任务书如此写道：“市政府为该区域之表率，建筑须实用、美观并重，将联络一处，成一庄严伟大之府第。其外观须保存中国固有建筑之形式，参以现代需要，使不失为新中国建筑物之代表。”

图31-2
绿瓦大楼初落成

董大酉在大楼的设计上，保存了中国古典建筑形式，又在立面处理方法、屋顶组合方式、屋面颜色运用上都有所创新。从建筑纵横三段式的构图，以及门窗和细部的竖线条构图中，都可以看出一些西方新古典主义的意味。因此，绿瓦大楼虽然是中国固有形式的代表，但创新的设计手法和部分西方新古典主义的建筑特征也让人耳目一新。这种建筑形式在当时广为流传，影响极为深远。

图 31-3
绿瓦大楼一角

1931 年 7 月，大楼奠基典礼举行，工程终于开工。可世事难料，翌年，“一•二八”事变爆发，位于战区的江湾满目疮痍，工程一度被迫中断。直至 1933 年 10 月，整幢大楼才竣工落成。

建成后的市政府大楼占地面积 6000 平方米，总建筑面积为 8982 平方米，东西长 93 米，中部宽 25 米，高 31 米，为四层钢筋混凝土结构。建筑底层是以石望柱围栏的台基，两旁有石狮子守护。通过底座中央大台阶，可直达二层礼堂，台阶中央系石雕御道，显得庄重高洁。礼堂两侧为会议室、阅览室，第三层中部为市长和高级职员办公室，两翼为各科办公室。第四层从外面看隐藏于大屋顶之下，也就是通常所说的假四层——利用屋顶空隙作为储藏室、档案室、电话机房等。大楼北面广场则伫立着孙中山先生铜像。

大楼的建筑造型采用“涂彩飞檐梁柱式”，在外观上以中国清代建筑为蓝本。与中国宫殿代表故宫的黄色瓦顶不同，该楼采用绿色的琉璃瓦盖顶，立面则为彩釉花型装饰。明显的特点是屋面中部采用歇山顶，两侧为庑殿顶。栏杆、隔扇均采用中国传统建筑装饰。浓墨重彩，富有中国古代宫殿建筑的华贵气息。但是，它又把一些科学的理性精神带进了建筑领域，更加重视功能，使古典文化与时代精神结合了起来，是典型的中国新古典主义建筑。

勿忘国耻历艰辛

1937 年，抗日战争全面爆发，日军大规模进攻上海，江湾地区首当其冲，成为中日军队第一线的交战区。市政府大楼在日军的轰炸下火光冲天，大楼的屋顶被炸得千疮百孔，流光溢彩的琉璃瓦被炸得七零八落，钢筋水泥铸成的骨架被炸成断壁残垣，楼北侧广场上的孙中山铜像甚至被日军硬生生地拆下运走。上海沦陷后，大楼先是被日军占领，后又成为汪伪政府办公之地，受尽凌辱。

图 31-4
被日本侵略者炮火轰击后的绿瓦大楼

日本侵略者将大楼东侧门楣上的石雕切割下来，作为战利品运回日本，成为所谓和平塔基座的一块基石，建塔者的险恶用心不言而喻：以被占国家的苦难和屈辱，彰显日本帝国主义的皇权和军威。时至今日，位于日本宫崎县的那个所谓的和平塔仍然存在，大楼东侧门楣上的卷草纹饰石雕依然清晰可见，它已成为日本帝国主义侵略中国的铁的罪证。

焕发新机耀体坛

1956 年 7 月，新中国第一所体育高等学府上海体育学院迁址江湾，饱经风霜的旧上海市政府大楼开始被体院师生亲切地唤作“绿瓦大楼”，而体院学生则自称“绿瓦学子”。绿瓦大楼在很长的一段时间里几乎承担了所有的教

图 31–5
上海体育学院鸟瞰图

学、训练、住宿的功能，从此成为了上海体育学院的象征。

一届届上海体院的莘莘学子飒爽英姿地从绿瓦大楼中走出，成为祖国体育事业的中坚力量。他们中有傲视寰宇的体坛明星，有建树非凡的知名教练，更多的是奋战在祖国体育事业各条战线的体育健儿，他们见证着中国体育事业发展的腾飞，见证着“中国梦”在体育界的一个个梦圆。

辉煌至破败，破败至荣光。绿瓦大楼的每一个细节都镌刻着民族历史的烙印，八十余载，栉风沐雨，斗转星移，它的雄浑和豪情依旧，日月轮转厚实着它的精神魂脉，体育强国的新梦想支撑起它坚强的脊梁。

（供稿：董杨华）

华东政法大学
韬奋楼

标　　签：

上海市青少年爱国主义教育基地

地　　点：

华东政法大学长宁校区

建筑特点：

覆盖中式屋顶的殖民地外廊式建筑

建成时间：

1894 年

建筑承载大事记：

纪念邹韬奋诞辰 100 周年邹韬奋半身铜像揭幕典礼（1995）

建筑赏析：

韬奋楼由通和洋行（Brenan Atkinson）设计，高两层，砖木结构。最显著的造型特征是两个横向的单檐歇山顶夹住纵向的重檐四角攒尖顶钟楼，平面布局为院落式。建筑主体为殖民地外廊式风格，但屋面使用中国传统的小青瓦、四角飞檐。初建时名为怀施堂，以纪念圣约翰大学创始人施勒楚斯基（S.I.J.Schereschewsky），一层为课堂、膳堂、图书馆，二层为学生宿舍。1951 年改名韬奋楼以纪念邹韬奋先生。1959 年大修时将屋顶曲线改为直线，钟楼的重檐屋面改为单檐，圆形时钟改为方形。1979 年起两层全部用作教室。

古典复兴　使命更替

图 32-1
韬奋楼内院

韬奋楼原名怀施堂，位于华东政法大学长宁校区西南部的中间地带，主干道东侧，与四十号楼隔路相望。这座长宁校区的主教学楼历经百余年风雨，两层的砖木结构和最具传承性的四合院式建筑设计，是中式设计在建筑设计理念中产生的明显投射，同时也在潜移默化之中影响着今昔无数从这里走出来的教育者和学子，形成了华政畅意交流、亲密共进的学习氛围。

西方建筑师的“中国新古典”建筑

自马可·波罗将十分推崇的中国建筑风格传入欧洲，中国建筑之美像一抹光，穿透云山雾海的阻隔，照进了大洋彼岸，继丝绸、瓷器、漆器等工艺之后，为欧洲经久不衰的“中国想象”提供了新的素材。利玛窦建成肇庆仙花寺后，作为有文字记载的中国内地第一座欧式建筑，成为中西建筑文化交融原生态状态跨时代的见证者。而鸦片战争后，帝国主义武力侵略各口岸城市，媚外崇洋思想和

图 32-2
韬奋楼旧景

民族自卑心理使得中国建筑在很长一段时间内，或是将西方建筑原封不动地搬到中国城市中来，或是鄙视自己原有的建筑和艺术传统，在思想上做了西洋资本主义国家近代各流派建筑理论的俘虏。直到西风东渐、五口通商之后，新古典主义建筑传入中国，具有前瞻性的建筑师才开始致力于设计中国古典复兴建筑。

在时任圣约翰大学（以下简称约大）校长卜舫济（Francis L.H.Pott）的支持下，由通和洋行设计、于1895年建成的怀施堂，成为西方建筑师设计的“中国新古典”建筑之一。其于1894年1月26日（另据Mary Lambertn的*St.John's University Shanghai 1879—1947*记述为1894年1月28日）举行奠基典礼，为了纪念书院创始人施勒楚斯基先生，故被正式命名为怀施堂。1895年2月19日举行落成典礼。基地面积3242平方米，建筑面积5061平方米，砖木结构，共87个房间，耗资2.6万美元（折合白银31834两），成为圣约翰大学的第一座建筑物。

屋顶的曲线在1959年大修时改为了直线。该楼的建筑图纸最初在美国设计，美国的设计者将江南园林的亭廊造型视为中国传统建筑的特征。但卜舫济并不满意于此，他在征得美国圣公会差会主教郭斐蔚同意后，委托上海英租界通和洋行设计，融会贯通了西方对中国建筑的理解，将自18世纪风靡欧洲的“中国风”通过飞檐翘顶的设计回归了其本意，内部结构保存着中国四合院式的建筑特点，宽敞走廊、半壁大窗等又满足了现代教育的要求，使之成为中国式学院的创始建筑。

怀施堂在圣约翰建筑群中，最具有“中国屋顶之特质”。其南面中间，本身设计的是塔楼，但后来采纳了约大科学系主任顾斐德教授的提议，将其改为钟楼，成为整栋建筑的神来之笔。两个横向单檐歇山顶夹住竖直的钟楼，钟楼则采用重檐。

四角攒尖顶，檐角夸张上翘。大自鸣钟由美国马萨诸塞州波士顿E.Howard联合公司铸造，敲钟时，钟声四扬，远近相闻，一方面行走于校园里的师生可方便地知道时间，一方面钟楼也为学校周围的百姓提供了便利。1959年房屋大修时将钟楼重檐屋面改为单檐屋面，原圆形时钟改为方形钟。

该楼落成初期，楼下设课堂、膳堂和图书馆，楼上则为学生宿舍。图书馆于1904年思颜堂建成后才迁往。有趣的是，虽然该楼被命名为怀施堂，英文名字是

图 32-3
韬奋楼时钟

Schereschewsky Hall，但在英文普及的约大，这个英文名称远比它的中文名字来得绕口。于是，这个名字很快被简称为“S.Y.HALL”，以致后来的新生已经不知道它的英文全称是什么了。怀施堂从其诞生之日起，不仅成为百余年来每一位在此执教的老师和上课的学生镌刻在心中的殿堂，更重要的是它在建筑史上留下了浓墨重彩的一笔，是西方探索中国民族形式建筑风格的起点，也是近代中西建筑文化交流的开端，更是旧中国教育转型和变革的开端。

更名韬奋楼
传承华政精神

中华人民共和国成立后，学校师生为了纪念1921年的毕业生邹韬奋，要求将怀施堂改名为韬奋楼，1951年华东军政委员会批准，同意更改楼名。邹韬奋从约大毕业后开始主编《教育与职业》月刊和编译《职业教育丛书》，1926年10月接任《生活》周刊主编，“韬奋”的名字就是从这以后用的笔名，“韬”意韬光养晦，“奋”意奋斗不懈。

“文革”十年学校中断办学，1979年复校，韬奋楼重新启用。底楼和二层都用作教室，校园又恢复了生机。1995年11月15日，为了纪念邹韬奋诞辰100周年，在韬奋楼院子里举行邹韬奋半身铜像揭幕典礼，将邹韬奋立为楷模，激励学生们奋发图强。

图32-4
院内邹韬奋铜像

如今，从钟楼下面的正门走进韬奋楼，就能看到左边墙壁上邹家华先生在 1995 年纪念父亲邹韬奋诞辰一百周年的石刻，摘录的是毛泽东为邹韬奋先生的题词“热爱人民真诚为人民服务 / 鞠躬尽瘁死而后已 / 这就是邹韬奋先生的精神 / 这就是他所以感动人的地方”。

钟声悠悠，校园菁菁。漫步其中，恍如隔世。每一栋楼都以它厚重的历史故事，等待人们的探寻与追溯。已成为华政标志性建筑的韬奋楼，其分量早已不言自明。回望历史，自这古老的楼宇建成以来，已有 120 多年。我们身处其中，情不自禁、无法抗拒地爱上了这座青砖小楼。拥有百年历史的韬奋楼，作为历史长河中的一粒沙子，领略了时间洗礼的魔力，在圣约翰大学到华东政法学院再到华东政法大学的每一个成长转折故事里扮演着重要的角色。

在流淌的岁月中，韬奋楼将属于它的历史沉淀酝酿成酒，历久弥香，四处溢漾。绿树的掩映丝毫不能削弱它的磅礴气场，热闹与喧嚣亦无法减损它的庄严形象，它以独特的建筑风格和饱含历史、安定坚实、恬静却又不失庄重的气质吸引着人们敬畏的目光，以它悠扬的钟声将华政精神传扬。

（撰稿：曹婧）

华东政法大学

交谊楼

标　　签：

长宁区青少年爱国主义教育基地

地　　点：

华东政法大学长宁校区

建筑特点：

中式古典复兴风格建筑

建成时间：

1929 年

建筑承载大事记：

“民族展览会”（1948），用作中国人民解放军第三野战军司令员陈毅进驻上海的第一宿营地（1949），华东政法学院首届开学典礼（1952），第二届金砖国家法律论坛（2015）

建筑赏析：

华东政法大学交谊楼由中国第一代建筑师范文照设计，外观三层，内部两层，钢筋水泥和砖木混合结构。折衷主义建筑风格，西式楼体冠以中式大屋顶，辅以中式细部装饰，中西合璧，古韵悠长，富丽堂皇，落成时即为著名校园建筑。上层有大、小交谊厅各一间用于交谊、会议、文娱、体育活动，下层有 11 个房间供学生文体社团使用。初建时名为交谊室，以纪念圣约翰大学校长卜舫济（Francis Lister Hawks Pott，1864—1947）已故夫人黄素娥。

革命故地　历久弥新

图 33-1
交谊楼外景

从中山公园后门来到华东政法大学长宁校区的正门，沿着古朴而葱郁的主干道慢慢前行，入校门 150 米左右，坐落在主干道东侧，与朱红窗格、彩绘穹顶的四号楼隔路相望的便是交谊楼。整栋楼古色古香，别有风味。

历史悠长 底蕴深厚

交谊楼原称交谊室，为钢筋水泥及砖木混合结构红色大楼。圣约翰大学（以下简称约大）举行建校40周年纪念会时，该校同学会和校友为纪念校长卜舫济已故夫人黄素娥，发起捐银建筑新交谊室。黄素娥是美国圣公会第一位华人牧师黄光彩之长女，幼年受西式教育，成年后从事圣公会在妇女界的宣道工作，曾任1881年6月建立的圣玛利亚女校（该校校址原在今东风楼处，此处原名为思丁堂）的首任校长。1888年8月23日黄氏与卜舫济结婚，婚后相夫教子，关爱学生，深受师生爱戴。1918年5月11日，黄氏因病去世。

新交谊室在1888年旧交谊室的基地上择址，由校友范文照设计中西合璧的图样，校友刘鸿生（捐银4.5万

图33-2
交谊楼旧景

两）、刘吉生（捐银3000两）和同学会（捐银1万两）提供资金支持，1915级学生也捐银500两来购置器具。新交谊室占地面积863平方米，上下两层，共计建筑面积1768平方米，上层分大、小交谊厅各一间。大交谊厅除了用以交谊、会议、文娱活动以外，还可进行篮球比赛。大厅四周上端筑有看台，东、西、北部有数排长木板座位，约能容纳300人就坐，南部还设有放映间。下层有大小房间11个，供学生文体社团使用。整栋建筑富丽堂皇，大屋顶四角皆为曲线形，是当时教会学校的著名建筑之一。

设计交谊室图纸的校友范文照是约大土木工程系1917年的毕业生，他比较出名的设计有南京大戏院（今上海音乐厅）和美琪大戏院等。约大的交谊室应该属于他的早期作品，此时的范文照喜欢“全然复古”，并以折衷主义的思路在西式建筑中融入中国传统建筑的局部，往往“以西方格式作屋体，以中方格式作屋顶”。

图33-3
树影中的交谊楼

图 33-4
交谊楼外景

交谊室实际为两层，但在立面上却处置为三层。正立面首层正中为 3 座拱门，周边以白色石材饰以中式花纹，感觉上类似中国传统建筑中的无梁殿进口，而非西方的拱券。正立面的二、三层与拱门相对之处由 4 根红柱划分出 3 个开间，用红砖来饰面。屋顶则铺以绿色琉璃瓦，檐角上设了 7 只瑞兽，檐下有飞椽，柱顶由额枋和额垫板相连。额枋饰有中国传统红绿相间的彩画。该楼也是约大校园里第二期建筑风格中最为出类拔萃的建筑。1929 年 12 月 14 日，交谊室落成典礼、约大 50 周年纪念会及纪念坊揭幕典礼同日举行。

厚德载物
古色古香

1948 年，约大的学生在中共地下党圣约翰总支部的领导下开展了旨在“反美抗日”的学生抗议运动，于 5 月 25—26 日在交谊室举办了“民族展览会”，参观者络绎不

图 33-5
交谊楼“解放上海第一宿营地”铭牌

绝，引起了极大的社会反响，产生了巨大的教育作用，一些外文报纸甚至评论说约大成了反美活动的跳板。在这样的情势下，校方竟然宣布处理学生会领导，并于 6 月 2 日全校提前停课。学生会于次日集会，结果被国民党特务野蛮破坏，导致了学生会领导受伤的流血事件。

中国人民解放军第三野战军陈毅司令员在 1949 年 5 月指挥淞沪战役中，选择约大为“解放上海第一宿营地”，这与其在沪西的地理位置和地下党组织力量较强不无关系。

26 日凌晨，天下着小雨，伸手不见五指，陈毅司令员进驻约大交谊室。陈毅、魏文伯和舒同等 8 位领导人在二层楼小交谊厅打地铺休息，他们的秘书等人在大交谊厅打地铺休息。待东方发白，陈毅步出交谊室行至大草坪上，与该处值勤的地下党学生聊天。陈毅上午乘车到苏州河南岸市区视察，下午在交谊室与邓小平同志会面后转移至三井花园（今瑞金花园），领导接管上海工作。华东政法学院于

图 33-6
第二届金砖国家法律论坛在交谊楼举办

2002 年 5 月在交谊楼南墙树立碑石，以示纪念。

1952 年 11 月 15 日，华东政法学院建校开课，首届开学典礼也选在交谊室的大交谊厅举行。建院初期，学生会及学生文娱团体，还设在交谊室下层。后交谊室更名为交谊楼，现今主要用于召开学术会议和举办讲座，主要的厅室有报告厅、圆桌会议室、第三会议室等。

了解过交谊楼历史的人多会感叹这里曾发生了那么多不平凡的事件，这栋两层高的石头洋房，历经百年依旧不失雄厚气势与安详神态。华政的法学教育正是从拥有了如此厚重的爱国精神和历史积淀的建筑出发，春华秋实、励精图治，终于成就了今日的文化底蕴，较早形成具有中国特色的法学教育体系，也为交谊楼赋予了更多的精神内涵。这里曾是群英聚集的宝地，是思想激辩的学堂，是传承华政精神的力量场，以屹立不倒的姿态见证了华政 60 余载风雨沧桑，在苏州河畔独领风骚近百年。

（撰稿：曹婧）

华东政法大学
四十号楼

标　　签：

长宁区青少年爱国主义教育基地

地　　点：

华东政法大学长宁校区

建筑特点：

中式屋顶的殖民地外廊式建筑

建成时间：

1904 年

建筑承载大事记：

孙中山“民主国家，教育为本”演讲（1913），时任加拿大总理克雷蒂安演讲（2001）

建筑赏析：

华东政法大学四十号楼高三层，砖木结构。毗邻韬奋楼，同样为殖民地外廊式风格，但中式元素较少，西式风味更为浓厚，装饰更为丰富。清水砖墙以青砖为底色，以红砖砌筑拱券、线脚、壁柱，顶部使用中式曲面屋顶。初建时名为思颜堂，以纪念致力于创办圣约翰大学的中国牧师颜永京（1838—1898）。西翼为学生宿舍；东翼一层为教师办公室，二层为礼堂，又称同学厅；北翼为教师宿舍和招待室。华东政法学院成立后，改为学生宿舍，称作四十号楼。

师语铿锵　风骨峥嵘

图 34-1
四十号楼外景

四十号楼，原名思颜堂，位于韬奋楼西侧，1903 年 10 月 24 日奠基，1904 年 10 月 1 日举行落成典礼，建筑面积 4052 平方米。

图 34-2
四十号楼局部

回溯历史
展望今朝

思颜堂的命名是为了纪念圣约翰大学创办初期出力最多的中国牧师颜永京。颜氏年轻时留学美国 8 年，1878 年底受召返沪，协助施约瑟主教筹办圣约翰大学。他把英语引入了教学课程，并被视为“第一个把西方心理学介绍到中国之人”。1888 年奉圣公会调令，离校任他职。

思颜堂的建筑经费自 1901 年起，共计募集美金 55337 元，其中在美国募集了 22000 余美元，其余从圣约翰大学经费中支出，还有上海商人和学生捐赠。学生捐赠居多，故大会堂又称“同学厅”。

整栋楼为三层砖木结构，平面呈 U 字形，采用中西结合建筑风格，立面清水青砖墙，外廊配以红砖拱券，立面色彩轻快明丽。屋面为中式的坡屋顶，楼顶屋角皆为曲线形，东侧南屋顶部以阳台护栏式装饰。西侧三个楼层均为学生宿舍。东侧二层楼设大会堂，安置固定座位 600 个，陡坡地面。大会堂北侧的二、三层楼，当时为教员寄宿处和招待室，东侧一层楼（大会堂楼下）为教师办公室。

华东政法学院成立后，将思颜堂改名为“宿舍一楼”，1979 年复校后又改称“学生宿舍 4 号楼”，因在学校校舍中排列第 40 位，还被称作“四十号楼”。该楼现主要作博士生导师用房及研究生宿舍。

语惊四座 孙文精神

四十号楼二楼的小礼堂，孙中山先生曾在此演讲过。那些镌刻着时光足迹的木刻楼梯显得庄重而典雅，那一排排整齐的椅子形成了蓝色的海洋，配合着温和的灯光，我们仿佛听到了多年前那场令人醍醐灌顶的讲座。

1913 年 2 月 1 日，圣约翰大学举行学期结束仪式，时任中华民国第一任临时大总统的孙中山先生应邀演讲。中山先生论述了科学教育的重要性，对青年学子提出了谆谆教诲：“既有知识，比当授人。民主国家，教育为本。人民爱学，无不乐承，先觉觉后，责无旁贷。以若所学，教若国人。幸勿自秘其关。”

铿锵有力的言语、抑扬顿挫的语调、语重心长的话语随着悠扬的钟声，传遍了菁菁校园的每一处角落，融进了校园中的花花草草、砖砖瓦瓦，更在不知不觉中，潜移默化地渗进一代代华政人的骨髓中，化为脊骨，撑起代代华政人的精神丰碑。

2001 年 2 月 15 日，时任加拿大总理克雷蒂安先生得知此地为孙中山先生演讲处，也慕名前来小礼堂发表演讲，并在演讲中强调了现代社会法制建设的重要性。

适应新需 知行合一

现在的四十号楼，不仅是一幢有着 100 多年历史的建筑，还是上海市普通高等学校人文社科重点研究基地、法律史研究中心、国际法研究中心、法律与历史研究所等多个机构的所在地。第一届法学本科毕业生、法学硕士毕业生、法学博士毕业生的一张张老照片挂在四十号楼的黛墙上，见证了一批又一批优秀法学人才的成长，也见证了新中国法学教育的兴起与辉煌。

2018 年 5 月，一场由年轻法官、检察官、教师、法学院学生共同主讲的 PLUS 演说会也在这里举行，这些年轻人在共同探讨一个话题，即法学教育与司法实务如何做到“知行合一”。这是法学教育、法学研究工作者和法治实际工作者的一次面对面的对话、交流与合作，更是百年前孙中山先生“知行合一”精神的延续。近年来，华东政法大学不断提高政治站位，发挥政法院校学科优势，立足司法体制改革和法治建设需求，推进法治人才培养机制的改革创新，培养既博又专、越博越专的复合型、高素质法治人才。

从组建合校到撤销停办，从恢复招生到现在蒸蒸日上的法学名校，华政人经历了艰辛的 60 余年，秉承着孙中山先生的教诲，脚踏实地、一步一步坚定地前进。也正是这般融进生命中的坚持造就了华政这不断缔造奇迹的 60 余年，逆境中自强不息，顺境中虚怀若谷，塑造了华政人韬光养晦的品性，养成了笃行致知、明德崇法的华政精神。

如今，华政校园已恢复了往日的宁静，浓浓的学术气息弥漫在校园中。成群结队的学生们沐浴在阳光中，激烈地探讨课业问题，交换彼此独到的见解；老人们也随性而至，悠闲地看起了报纸，侧耳聆听学生们的争辩。

四十号楼将历史赠予的礼物收集并沉淀好，披着岁月流光纺织而成的外衣，静静聆听学生们激烈的争辩，倾听已毕业的学生们交流有益经验，用心记载着老师们的教学印迹。孙中山先生的一句“民主国家，教育为本”，道出了多少人的心声，也道出了四十号楼所承载的重任。

（撰稿：曹婧）

上海大学
钱伟长图书馆

标　　签：

上海大学文化地标，钱伟长老校长的精神象征

地　　点：

上海大学宝山校区

建成时间：

2017 年

建筑特点：

功能复合教育建筑

建筑赏析：

钱伟长图书馆总建筑面积约 18691 平方米，集图书馆、博物馆、钱伟长纪念馆、校史馆等于一身。其中图书馆建筑面积约 10000 平方米，是集学科交流、图书贮存、资料阅览、科研教学等于一体的共享平台。建筑呈现出 4 层的椭圆体量错叠的形态，像是由 7 个横切面形状不规则、扁平的三角椭圆柱体堆积而成。这样的设计手法造就了多个室外平台，可以供学生在读书之余在不同高度体验校园空间。图书馆前的广场上伫立着钱伟长雕像，以示对这位老校长的怀念和继承。

文澜遗泽　荟萃于斯

图 35-1
钱伟长图书馆外景

以钱伟长的名字命名的钱伟长图书馆坐落于上海大学宝山校区东区，是上海大学为纪念老校长一生奉献国家和表达对他的敬意与怀念而建造的。钱伟长图书馆是一座融图书馆、博物馆、校史馆和纪念馆为一体的综合性建筑。

2012 年 10 月 8 日，钱伟长图书馆在宝山校区东区奠基，并于 2015 年 12 月 18 日开工，2017 年 6 月建成。2019 年 5 月 27 日，在上海解放 70 周年和新组建的上海大学成立 25 周年之际，钱伟长图书馆正式开馆。

柔美优雅
卓然而立

钱伟长图书馆作为上海大学宝山校区东区入口部分的核心建筑，卓然而立，气势雄伟，在周围的建筑群体中重要而突出，并与上海大学行政楼隔南陈路相望。钱伟长图书馆大门前广场有钱伟长雕像，建筑周围的花园为樱花主题。在门前北眺，东区的中心花园尽收眼底，令人心旷神怡。

钱伟长图书馆具有独特的造型。它不像周边建筑具有棱角分明的直线，而是以柔美而优雅的曲线展现张力；它不同于周边建筑的横平竖直，而是层层扭转，呈盘旋而上之势，形成自身特有的空间形式，别有一番风采。馆内结构或退台，或收进，或通高，或渗透；或可在退台之上尽情沐浴阳光，或可在私密的隔间里沉浸于自我的冥想，或可在通高的中庭里被阳光与知识不断涤荡，或可在宽阔的大台阶上与同学不期而遇，互诉衷肠。钱伟长图书馆内中庭采用集中设计的方式，给阅览区域带来良好的视线和风景，被称为“书香谷”。书香谷将日光引导到室内，大大丰富了空间效果，方便读者互动，又将景观引导至楼内，馆内馆外皆成风景。建筑整体呈圆形，与整个东区内教学科研大楼的方形建筑群形成鲜明对比，恰似一颗璀璨的明珠。同时，钱伟长图书馆的圆形结构也与宝山校区校本部图书馆的三角形结构形成数学结构上的一种呼应。

伟长精神
赓续传承

钱伟长先生是我国著名的科学家、教育家，杰出的社会活动家，中国科学院资深院士。1983 年 1 月，时任清华大学副校长的钱伟长出任上海工业大学校长。1994 年 5

月 27 日，当时的上海工业大学、上海科学技术大学、上海大学、上海科技高等专科学校 4 所大学组建为新的上海大学，钱伟长任校长。钱伟长在上海大学任职期间，对上海大学的建设和发展作出了巨大贡献，并逐渐形成了“钱伟长教育思想”。以“三制教育”（学分制、选课制、短学期制）、“拆除四堵墙”（拆除教与学之间的墙、学科之间的墙、院系之间的墙、学校与社会之间的墙）、“培养全面发展的人”等育人理念为重要内容的钱伟长教育思想，有力推动了高校教育教学改革。

时光流转，钱伟长已经成为上海大学精神的象征。钱伟长图书馆是人们对老校长光辉人生的永久纪念，更是激励广大学生以及教育工作者不懈奋斗的精神寄托，承载和发挥着教育人、鼓舞人、激励人和感召人的重要作用。

突破传统
三馆合一

钱伟长图书馆突破传统借阅服务，积极转型，集“借、阅、藏、展、休闲”于一体，已成为新生入学教育、校友返校忆旧、校内成果展示、校外嘉宾来访的重要场所和平台。图书馆总建筑面积 1.87 万平方米，共 7 层，其中第一、二层为上海大学博物馆所在地，主要以海派文化为主题，收藏和呈现具有上海城市特色的大众艺术与流行艺术，并与世界各国的城市文化开展对话，反映上海文化精髓，弘扬城市精神；三至七层及书香谷等为专题展览与图书阅览区域，是集学科交流、图书贮存、资料阅览、科研教学等于一体的共享平台。其中，第三层主体区域现为上海大学校史馆与钱伟长纪念馆所在地。

上海大学校史馆是新上海大学组建以来第一个全面展示学校办学历程、取得成就的展示馆，是师生校友了解校史、爱校荣校的宣传馆。校史馆面积约 800 平方米，由序厅、正厅和尾厅 3 部分组成，突出学校的上海冠名、传承红色基因、践行钱伟长教育思想和争创一流的精神风貌。展馆以国画、油画、漆画、雕塑及丰富的多媒体互动体验，追忆了民国时期国共合作共建的老上海大学（1922—1927）的历史，全面展示了 1994 年以后新的上海大学的历史沿革、办学特色和办学成就，激励全体师生员

图 35-2
上海市教育系统在此举行庆祝第 34 个教师节主题活动

图 35-3
书香谷

工发扬艰苦奋斗、自强不息的精神，为实现世界一流、特色鲜明的高水平大学而奋斗的精神风貌。校史馆自开馆以来，坚持面向全社会开放，为团队参观提供预约讲解服务。校史馆还与校图书情报档案系签约，联合培养志愿者团队，推动校园文化建设，发挥校史馆的育人功能。校史馆不仅是校内师生了解学校历史的教育基地，更是让社会公众了解科学精神的教育基地。

钱伟长纪念馆以历史图片、资料、实物以及辅助手

图 35-4
钱伟长纪念馆展厅

段，全面展示了钱伟长作为科学家、教育家和社会活动家的丰富人生，并展示了他一生“无名无利无悔，有情有义有祖国”的伟大胸襟。纪念馆包括序厅在内共有5个部分，展示材料丰富，展示手段多样。其中，用“裸眼3D”技术再现钱伟长学术成就与教育思想的制作，为目前高校博物馆中仅有的一例；透明屏演示“长江三峡白鹤梁”和立体动画短片“高性能电池的研制”，也是该馆的亮点。展览中有钱老的大学毕业照、硕士学位证书，还有他晚年最爱穿的红色夹克等，看点很多。通过参观钱伟长纪念馆，上大人将铭记“自强不息”和“先天下之忧而忧，后天下之乐而乐”的校训，为把上海大学建设成为世界一流、特色鲜明的综合性研究型大学而不懈努力。

自正式开放以来，钱伟长图书馆就深受社会各界人士的关心，校内外参观者络绎不绝，真正发挥出了校园文化地标的作用。

大师风范 历久弥新

钱伟长图书馆致力于智慧图书馆建设，以电子资源（含音视频）为主，纸本图书资源重在特色。收藏纸本文献总量逾11万册，其中约7万册可供读者自由借阅，4万余册为民国报纸、文献、大型套书等特藏文献，供读者馆内阅览；中文期刊15种；另有超星“瀑布流”电子图书借阅机，有超过20万册的电子新书供读者下载，并全方位配套软硬件设施。

为在更大范围、更高层次上进一步传承科学家求实创新的科学精神，鼓舞和激励莘莘学子和广大教育工作者不懈奋斗，为师生营造良好科研环境，钱伟长图书馆第六层陈列有名人捐赠图书与“上大文库”（建设中），名人捐赠区域首期设有“伟长书屋”与“匡迪书屋”，集中展示钱伟长与徐匡迪两位老校长捐赠给上大师生的万余种图书、资料、模型等。

“伟长书屋”收藏了钱伟长生前捐赠及家属捐赠的全部图书、期刊以及部分家具、藏品等，并展示钱老生前使用过的桌椅、书架、书库，写的手稿等实物。钱伟长校长对图书馆有着深厚的感情，生前多次捐赠图书，并表示百年之后会将所有收藏的图书、期刊捐赠给图书馆。2010 年，上海大学在宝山校区校本部图书馆 203 室设立“钱伟长捐赠陈列室”。2018 年 2 月，家属根据钱伟长的遗愿将他在北京学习、工作时所收藏和使用的上述物品捐赠给上海大学。目前，“伟长书屋”收藏中外文图书 7000 余册、中外文期刊 11000 余册、家具 35 件以及各类藏品 300 余件。

“匡迪书屋”原位于宝山校区校本部图书馆的八层。

图 35-5
“伟长书屋”

钱伟长图书馆建成后，“匡迪书屋”按计划迁往该馆六层，集中展示徐匡迪院士捐赠的图书、藏品等资源。徐匡迪院士本人于 2017 年 2 月和 12 月分别在北京和上海向上海大学共捐赠图书 7533 册、家具 9 件、藏品 176 件。徐匡迪院士捐赠的所有图书书目信息均可在图书馆书目查询系统中进行检索，同时，图书馆官方网站也已开设名为“匡迪书屋”的徐匡迪院士捐赠图书虚拟陈列室。

“上大文库”主要收集、保存上海大学师生员工和曾在上海大学工作、学习过的校友的各类文化学术作品（含专著、译著、论文、艺术作品等），是上海大学师生与校友的学术成果集中展示地。

钱伟长图书馆是钱伟长教育思想的生动载体，是上大人汲取知识和智慧的重要课堂，亦是感悟大师投身科学、为国奉献精神的绝佳平台，更能让上大人更好地追忆与体味钱伟长老校长倡导的“自强不息”“先天下之忧而忧，后天下之乐而乐”的上大追求。

钱伟长图书馆似一颗璀璨的明珠，辉映着深厚而高致的家国情怀；更是一座伟岸的丰碑，深扎在这方菁菁校园，建立起一个瑰丽的精神世界，在与家园、时代的对话中，探索新的生长方向，开创上大人新的奋斗纪元。

（撰稿：阙晨静、李信之）

上海中醫藥博物館

上海中医药大学
上海中医药博物馆

标　　签：

全国中医药文化宣传教育基地，中国第一家医学史博物馆

地　　点：

上海中医药大学

建筑特点：

高技派审美影响下的现代主义建筑

建成时间：

2003 年

建筑承载大事记：

李约瑟三次到访（1942,1964,1980），时任世界卫生组织总干事陈冯富珍题词（2016），被列为上海市爱国主义教育基地（2015）

建筑赏析：

中医药博物馆的前身是中华医学会医史博物馆。建筑主体为混凝土结构，主馆圆柱形体量，后方插入长方体，顶部有铁锈红三角凸起。入口从白色圆柱体量中切出，以金属挂板圆柱与上下两层玻璃幕墙构成背景。入口大厅挑出金属雨棚，幕墙顶部有金属栅格挑檐。右侧从跃层竖向玻璃窗中挑出小阳台。后方方形体量立面为灰白两色，区分填充与框架。建筑整体呈现受高技派影响的现代主义风格审美特征。

千年回响　博古鉴今

图 36-1
上海中医药博物馆外景

在上海中医药大学校园内的东南角，坐落着一所高校博物馆——上海中医药博物馆。国际博协的专家在参观和座谈交流后曾盛赞“这不是一所大学的博物馆，而是一座博物馆建在大学里”。时任国际卫生组织总干事陈冯富珍参观后欣然题词“传统医学文化是中国的瑰宝，要发扬光大”。这究竟是怎样的一座博物馆呢？今天，就让我们走进上海中医药博物馆的前世今生。

筚路蓝缕 岁月留珍

上海中医药博物馆的前身是创建于1938年的中国第一家医学史专业博物馆——中华医学会医史博物馆，创办人是中国著名医史学家王吉民（1889—1972）。王吉民，又名嘉祥，号芸心，广东东莞虎门人，中国近现代著名医史学家，国际科学史研究院院士，中华医学会医史学会及《中华医史杂志》创办人之一，中华医学会医史学会第一至四届会长。王吉民先生一生致力于医史研究，成就斐然。用中英文撰写的论著达200多篇，有专著《中国历代医学之发明》，主编《中华医学杂志医史专号》《中华医学杂志三十周年纪念号》《中华医史学会五周年纪念特刊》《中国医学外文著述书目》《中国医史外文文献索引》等刊物。王吉民与伍连德合著的 *History of Chinese Medicine*（《中国医史》）是中国第一部英文版医史专著，很长一段时间内是世界了解中国医学史最重要的著作。

1937年春，中华医学会邀请王吉民到上海协助办理中华医学会会务。4月，中华医学会第四届全国会员代表大会在上海举行，期间王吉民主持筹备的“医史文献展览会”展出药瓶、历代制药工具、针灸用具、古籍、医家画像等展品1000余件，受到报纸报道并获好评。会上，王吉民作专题演讲“吁请筹设医史博物馆”。5月，王吉民在《中华医学杂志》发表文章《筹设中国医史博物馆刍议》，指出办馆的3个宗旨：①“妥为保存，以免散失”“国粹不致外流”；②“供学者研究，借以考察医学之变迁，治疗之演进”；③“对学生为有效之教授方法，对民众可作宣传医药常识之利器”。王吉民所倡导的办馆宗旨与当今世界公认博物馆的收藏、研究、教育三大传统职能不谋而合。

在王吉民的积极倡议和推进下，1938年7月，上海池浜路（今慈溪路）41号，中华医学会图书馆内的一个小房间，中国第一家医史博物馆——中华医学会医史博物馆诞生

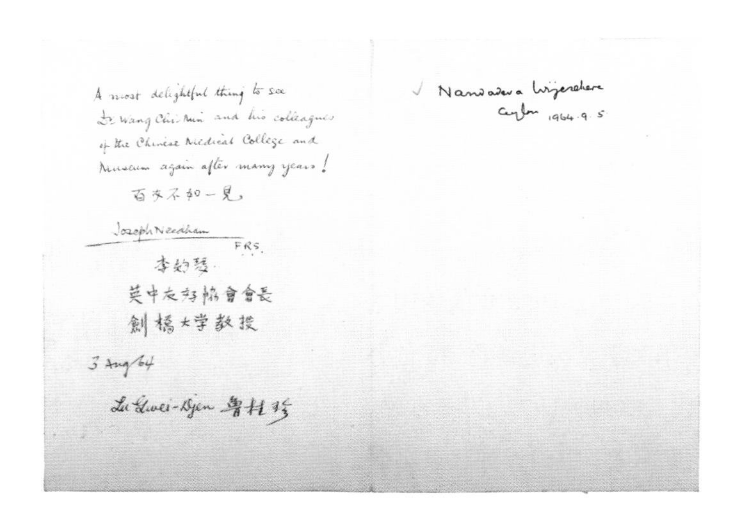

A most delightful thing to see
Dr Wang Chi-Min and his colleagues
of the Chinese Medical College and
Museum again after many years!
百聞不如一見

Joseph Needham
FRS
李約瑟
英中友好協會會長
劍橋大学教授

3 Aug/64

Lu Gwei-Djen 魯桂珍

Nandadeva Wijesekera
Ceylon 1964.9.5

图 36-2
李约瑟参观后的题词

了，当时陈列品约 400 件，王吉民出任馆长。1959 年 1 月，医史博物馆由中华医学会上海分会改属上海中医学院，馆址迁至上海中医学院内。国际著名科技史学家李约瑟博士曾 3 次到访医史博物馆，并用中文题词“百闻不如一见”。

岐黄博苑 杏林迎春

上海中医药博物馆建筑落成于 2003 年，由中华医学会 / 上海中医药大学医史博物馆与中药标本室、党史校志编辑办公室合并而来。作为 2004 年上海市政府十大科普实事工程之一，于 2004 年 12 月在张江新校区面向社会开放。

上海中医药博物馆为三层单体建筑物，主体建筑面积 6314 平方米，呈半圆半方造型，寓意为中国古代哲学概念“天圆地方”。馆藏石器时代至近现代的中医药文物 14000 余件，收藏中药标本 14580 余件。博物馆把历史、当代和未来有机结合起来，多角度、多层面、全方位展示中医药几千年的发展历程与文明成果。基本陈列分原始医疗活动、古代医卫遗存、历代医事管理、历代医学荟萃、养生文化撷英、近代海上中医、本草方剂鉴赏、当代岐黄新貌 8 个专题，反映中华医学在各个历史时期取得的主要成就，并预示其未来发展的美好前景。

走进博物馆大厅，映入眼帘的地面铜雕为“千年回响”，寓意中医药文化源远流长，从远古走来，向未来走去。两侧 6 块石雕，展示着中医药发展史的典型片段，中央的“阴阳五行”雕塑艺术地展现了中医药的理论渊源。正面书写着的“精、气、神”，是中医文化的精髓体现。宽敞的展厅，高低错落的展品，雅俗对话的展具选材，稳健而协调的色调搭配，明暗衬托的用光，加之“唐太医署”及“民国药铺”两处场景的布设，使得展览的艺术效果更

图 36-3
上海中医药博物馆序厅

加与中医文化的丰富内涵相一致，与陈展内容的发展脉络相同步，步步将观众引向深入。馆内还有针灸铜人、针灸智能人、按摩点穴智能人、中医智能魔镜、脉象仪、中药采摘 VR 系统等展品展项。在信息化时代，馆内还建成了微信多语种（汉、英、法）讲解导览系统、360° 全景虚拟展示系统以及多媒体互动墙。

蓬勃发展 本草远馨

上海中医药博物馆以传播中医药文化健康理念、服务百姓生活为己任，接待了一批批中外参观者，有国家元首、政府要员、专家学者、教师学生等，产生了巨大的社会影响力和文化辐射作用。2007 年 5 月 6 日，在时任上海市委书记习近平、市委副书记殷一璀的陪同下，原国务委员陈至立以及原文化部副部长周和平专程来此参观。2010 年，作为上海世博会中医药体验站点，博物馆接待了多批

图 36-4
上海中医药博物馆腊叶标本墙

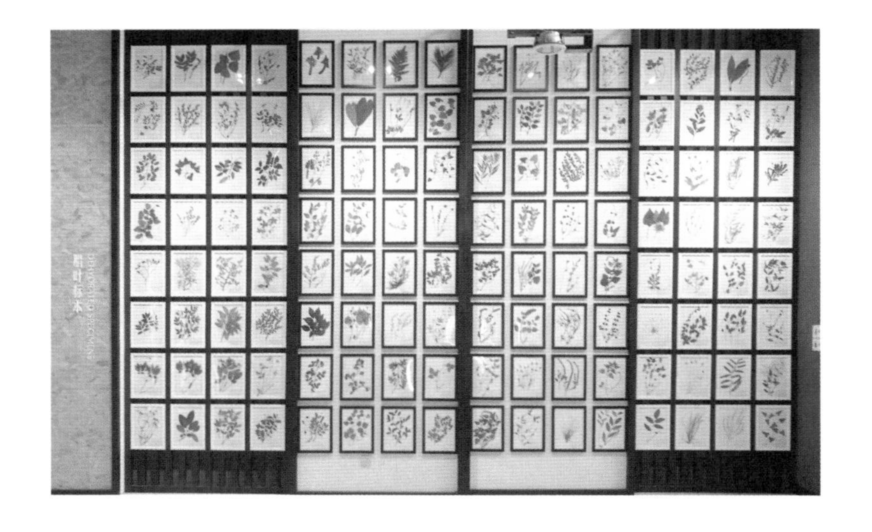

来参观世博会的中外旅行团队。其中，世博会国际参展方代表120余人专程来馆参观，并给予高度评价。工作人员还精心设计了“中医药与科学养生”活动实施方案，主动到社区开展中医药科普活动，为百姓树立科学养生理念，提供简便有效、可操作的养生方法。如“中草药进家庭”活动指导居民在家中种养有保健功能的植物，这一创意在上海张江社区和北京东城区得到了实施。

如今的上海中医药博物馆作为一所高校博物馆，不仅是中国医学史活生生的教学课堂，更成为中医药继承创新的育人平台、中医药科学知识的普及平台、中国传统文化的传播平台和上海中医药大学的文化名片。“走出去”与“请进来”相结合，博物馆走进社区、中小学校和企业，开展科普教育、讲座和“灵丹妙药动手做”系列活动、百草园“闻香识药”活动、迎新年健康跑活动等，倡导健康理念，普及中医药知识。2013年开始，上海中医药博物馆积极响应国家“一带一路”倡议，担当中医药文化传播的使者，先后赴美国、斯里兰卡、捷克、新加坡、英国、比利时、法国、日本、德国、希腊、巴拿马等11个国家举办中医药文化展览和对外交流活动，展示中医药的独特魅力，让世界民众了解博大精深的中国传统医药文化，助力中医药文化“走出去”。

目前，上海中医药博物馆是全国中医药文化宣传教育基地、国家AAA级旅游景区、国家中医药健康旅游示范基地建设单位、上海市爱国主义教育基地。在各级领导的关怀下，上海中医药博物馆的软硬件建设取得了长足的进步，扎实而富有特色的育人和社会服务工作收获了良好的社会评价。近年来，博物馆先后获得全国优秀科普教育基地、上海市科技进步奖三等奖、上海市科普教育基地先进集体、上海国际青少年科技博览会贡献奖、上海科技节贡献奖、上海科技节先进集体、浦东新区“十万少年看浦东”特别贡献奖等荣誉。

走进这座“天圆地方”的上海中医药博物馆，我们不仅能感受中医药千年发展的博大恢宏，也能了解和认识到中医药百年征途的艰辛坎坷。2019年10月全国中医药大会胜利召开，传承精华、守正创新的使命在肩，中医药迎来了发展的春天。相信在坚定文化自信和中华民族伟大复兴的画卷上，中医药必将是浓墨重彩的一笔。

（撰稿：王丽丽）

上海师范大学
第一教学大楼

标　　签：

上海师范大学历史建筑、地标建筑

地　　点：

上海师范大学徐汇校区

建筑特点：

民族复兴风格建筑

建成时间：

1955 年

建筑承载大事记：

师院党委召开保密会议传达庐山会议精神（1959），世界青年联欢节代表团来访（1958）

建筑赏析：

上海师范大学第一教学大楼初建时名为教学大楼，“文革”期间曾被称为向阳楼。第一教学大楼由上海市民用建筑设计院设计，平面呈一字形，坐北朝南，总面积 9368 平方米。1956 年，在两翼分别增建阶梯教室。建筑中央部分高五层，屋顶为单檐歇山，以山面的搏风板朝向正面。两翼高四层，对称展开，为双坡屋顶。立面为红色清水砖墙，主入口雨棚和窗间墙涂白色涂料。建筑内部的门廊中有罗马式拱券门洞。

知识驿站　精神高地

图 37-1
第一教学大楼远景

建于 1955 年的第一教学大楼，简称“一教”，总建筑面积为 9368 平方米。大楼造型朴实大气，由主楼向两翼对称展开，红黄相间的墙面和拱圆形走廊体现了中国传统

图 37-2
1955 年第一教学大楼初落成时的景象

建筑风格，当时乃是漕河泾地区的“制高点”。

弦歌不辍
难忘知识殿堂

1956 年，为适应教学需要，学校又在“一教”东西两端增建了两层高的 4 个阶梯教室，总面积为 1322 平方米。此楼建成后在很长一段时间内是学校主要的教学场所，分布着 100 多个大大小小的教室、实验室、办公室。尤其是 4 个可容纳 200 人左右的阶梯教室，时时座无虚席，人气旺盛。

“一教”初建时名为教学大楼，“文革”期间曾一度改名为向阳楼。1983 年第二教学大楼建成后，它被正式命名为第一教学大楼，“老大”地位就此确立，当时就被视作上海师范大学的标志性建筑。

图 37-3
20 世纪五六十年代第一教学大楼北面

2009 年，名声大噪的影片《高考 1977》在上海师大举行全国首映式，记得当时有一张海报上的照片就是“一教”阶梯教室内莘莘学子济济一堂，聚精会神听讲的情景。在过来之人眼里，这张老照片可谓“古董级”的经典，精妙传神，过目难忘；岁月如歌，仿如昨日。

“一教”见证了学校的发展。1955 年“一教”建成后，全校教师都在此楼办公。当时学校规模仅为 800 人，16 个班级。1956 年学校分立两所学院，即文科的“一师院”和理科的“二师院”，后者即在现址。1957 年数学系使用该楼。1958 年“一师院”与“二师院”合并。1959 年师院党委召开的保密会议，也就是中层以上干部参与的庐山会议精神传达会，就在这里的五楼召开。

历久弥新
传承精神家园

“一教”等师大传统风格建筑传递的文化内涵大致可归纳为以下几个方面。

凸显庭院式建筑群风格。上海师大 20 世纪 50 年代建造的校舍整体设计为庭院式古建筑风格，所有建筑物均是红砖墙、大屋顶，建筑和植被以及周边道路相互围合，形成一个巨大的院落。近 1 万平方米的五层第一教学大楼就坐落在校园中央。

庭院式整体设计理念和风格源于中国的传统建筑艺术。集雍容大度和端庄典雅于一身是“一教”成为校园地标建筑的美学理由。西部校园后来的一些建筑，包括化学实验楼、体化楼、“六教”等，基本保持了与“一教”建筑风格的统一。

图 37-4
夕阳斜照下的第一教学大楼

镶嵌土红色清水砖墙。师大的“红”遍布校园。无论是徐汇校区古老而深沉的“一教”，还是奉贤校区朝气而绚烂的“四教”，更有学校新的甲子启用的霞棐剧院和文科实验大楼，无一不是以红色为标志矗立在师大校园，深入师大人的内心。它们不仅记载着师大 60 余年的沧桑与铅华，而且承载着师大的未来与希望。

庭院式对称布局的风格特点源于中国传统建筑艺术，而“一教”醒目的土红色清水砖外墙的建筑风格则源自苏联式建筑。典型的苏联式建筑有两大特点：首先是左右呈中轴对称，平面规矩，中间高两边低，主楼高耸，回廊宽缓伸展；其次是有檐部、墙身、勒脚 3 个部分的“三段式”结构。

冠以单檐歇山式大屋顶。这幢 20 世纪 50 年代造的房子，试图将“社会主义的内容”以“民族的形式”予以表达，如以民族风格的“大屋顶”来代替苏联式建筑的哥特式尖顶，以此来体现中国化。师大的“一教”可谓那个时代的典型代表。20 世纪 50 年代，当时的中国掀起了一场对“大屋顶”的批判，梁思成这个名字也和“大屋顶”联系起来，以至于现在有的人一看到“大屋顶”，就会认为是梁思成设计的。据师大老同志回忆，“一教”也曾被列为批判对象。

“一教”的外墙采用苏联式建筑红黄相间的色彩，屋顶样式则为民族风格、等级仅次于庑殿顶的单檐歇山式大屋顶。可以说，“一教”是留有苏联式建筑深刻烙印的传统建筑，是中国传统风格与苏联风情的完美结合。

但“一教”大楼的单檐歇山顶建筑群的山墙搏风板则未见过多的雕琢装饰，仅为整齐划一的深红色山墙，如此稳重得体的外观，更显其作为校园建筑的雍容与大度、典雅与端庄。

配置悬挑式门楼与拱形前堂大厅。“一教”前门的正门为悬挑式门楼，这一设计与四合院之垂花门颇相类似，只是该门楼建在前门的显著位置，门楼上还有观景阳台。白色门楼与门脸装点镶嵌在整个土红色清水砖外墙的中间，显得格外明亮与清新。

从“一教”的悬挑式门楼进入大楼，首先看到的是楼内宽敞的大厅，厅内花岗岩地砖铺面，有双向扶梯直通二楼。门厅走廊结构与装饰采用的是拱券结构，彰显中西合璧之风貌。半圆形的拱券为古罗马建筑的重要特征，“一教”的拱门式走廊显得很有特色，拱门上还略施以简洁明快的线条装饰。

单层或多层的砖式台基是中国传统建筑中重要的有机组成部分。台基与梁柱、屋顶相互映衬，构成中国建筑的独特风格。然而，“一教”当年在修建时因受苏联式建筑影响，并未修建台基，这便导致后来出现沉降现象。好在师大人一直格外小心，不断维护修缮，即使是一甲子的风雨洗礼，也基本没有影响到这一地标建筑的整体结构与面貌。

甲子厚韵，书香芳华。无论春华秋实，夏阳冬雪，“一教”总在时代的语境中，述说着厚德博学、求是笃行的师大故事，蜿蜒着师大人的文脉，传承着师大人的风骨。面对“一教”，我们始终怀有一颗虔诚的赤子之心，对它前世今生的认知和感悟随着年华的消逝，也在不断地深化和升华。

（撰稿：陆建非、尹玲玲）

上海师范大学第三教学大楼

标　　签：

上海师范大学历史建筑

地　　点：

上海师范大学徐汇校区

建筑特点：

早期现代建筑

建成时间：

1961 年

建筑承载大事记：

顶端安装卫星电视接收天线（1986），作为学术前沿讲座的举办地（1996）

建筑赏析：

上海师范大学第三教学大楼又名“文史楼”，由原上海市民用建筑设计院（今上海建筑设计研究院）设计，是典型的长方形“盒子”，立面整齐划一、开窗连续。一字形平面，砖混结构，平屋顶。第三教学大楼建于“大跃进”的尾声时期。初建成时由于经费紧张，仅修建三层。1985 年改扩建，加为四层。建筑立面曾一度覆盖爬山虎，2017 年改建，建筑原貌得以显露。

文脉汤汤　史韵悠悠

图 38-1
湖光辉映的文史楼

上海师范大学徐汇校区东部校园学思湖畔耸立着一幢教学楼——第三教学大楼，现在简称“三教”，曾用“文史楼”之名。此楼可谓“出身贫寒、经历坎坷”，是“大跃进”尾声年代的校园建筑代表作。

筚路蓝缕

“三教”由上海市民用建筑设计院设计，市政府拨款，1960 年 5 月开始动工。那时候国民经济很困难，什么都紧张，样样都得凭票购买，但社会气氛还是相当热烈的。学校为了弥补资金缺口，大力号召师生员工用义务劳动的办法来攻坚克难。于是各部门、各系科、各班级迅速排出每天到工地上参加义务劳动的人数和班次，就连建楼用的砖头都是师生们赶到当时的日晖港码头，用手一块一块地搬装上卡车，再运到学校卸下的，铺设楼顶的庞大空心板也是用人力一块块吊装到位的。“劳动最光荣”不再只是口号，而是汗水和心血。“大跃进”讲究的是速度，因此，没多久，这幢由机红砖砌成、外立面刷着砂浆的楼房就拔

图 38-2
20 世纪 60 年代的上海师范大学文史楼

地而起，令人叹服不已。

按原设计图稿，楼宇西半段为大教室，建五层，东半段建四层，后来因为经费实在太拮据，刚开工就被削减至三层，直到 80 年代中期，才又加上一层，终于变成了最初设计图纸上的模样。1960 年 12 月的图纸证实了此楼的坎坷身世：

“本工程原有四层及局部五层，暂不建造。现暂建三层，故楼梯间及女儿墙等采取临时措施，便于以后加建。”“按照原设计地位做屋顶出入楼，不装铁爬梯。”“沿墙统过梁捣高 100 毫米，如下图，要与 30 毫米厚的钢筋细石砼全部捣制在白铁水管处略予加高，以包没水管。”“楼梯间屋面板根据原有屋面板设计施工。”

从 1985 年 12 月 27 日《关于文史楼工程申请调正总投资的报告》又可得知：文史楼加层扩建工程于 1985 年 7 月 8 日开工，12 月 28 日基本竣工，竣工面积为 1613 平方米。总决算投资 35.15 万元（其中土建、安装的决算为 30.49 万元，其余为设计费等）。

“那个年代造简易楼房不会超过 100 块钱 1 平方米，像 1955 年建成的西部教学大楼也就是 70 多块钱 1 平方米。这类建筑结构简单，功能单一，但可容纳很多学生，很实用啊！当时建楼的理念就是省钱再省钱。”年过八旬的学校基建处退休老领导杨登先在接受采访时如是说。文史楼的内部装修相当简陋，都是水泥地，后来加层时才作了简易装修，铺上了地砖地板，做了吊顶。他还动情地回忆：“更难能可贵的是，校基建部门利用暑假对东部文史楼实施加层改建。在施工情况下，师生们还坚持在文史楼学习了一段时间，因为教室实在太紧张了，甚至顾不得危险啊……”

为什么要叫文史楼呢？师大校园的格局历来就是东部为文科，西部是理科。当时师大中文系和历史系底蕴深厚，名师云集，在学界是公认的。此楼建成后就命名为文史楼，实至名归。记得当时还有一块白底黑字的“文史楼”牌子，写的是楷书，挂在此楼北面正门口一侧。

深厚底蕴

文史楼初建以及后来改建之后，基本满足了师生的需求，它的功能还是以教室为主。1958 年上海师范学院成立后，学校规模扩大，学生从 2000 人暴增至 4000 人，文科扩招更快，东部校园没有像样的教室，也没有阅览室，东部的学生晚上自修必须早早赶到西部去抢个位子。当时文史专业的教研楼就是现在东部文苑楼旁的小红楼，地方狭小。因此，文史楼的修建变得迫不及待。文史楼改建后，三四层用作东部的文史阅览室，一到晚上，人山人海，热闹非凡，不少座位上都预先摆好了书包、教科书等物品，以示主人即刻就到。

1989 年 4 月 14 日音乐系提交的《关于文史楼 301 教室改建加固建设成指挥、合唱、公共课、电子琴课多用的专业教室的报告》中提到，“1989 年前，文史楼 301 是音乐系指挥、合唱、公共必修课的多用教室”。1989 年 6 月 30 日学校批复意见：“因学校修缮费已经接近赤字，还有一些应付的未付，因此今年只能请音乐系克服一下了。”没多久，艺术类的学生也扩招了不少，此楼坚守文史底色的想法终被打破，大批艺术类的师生也逐渐融入文史楼里来了。

与此楼相关的两件轶闻流传至今。1986 年 4 月学校打破禁锢，在文史楼顶端安装了碗状玻璃钢模样的东西，这便是卫星地面站的电视接收天线。从此，东部校园的外语系就能实时收录美国、苏联、澳大利亚等国 3 种制式的电视节目，把国外先进的文化艺术及时介绍给师生，为外语教学服务。此举措引起不小轰动，文史楼可谓“声名远扬”了。

1986 年 12 月 3 日晚上，文史楼 101 大教室的讨论会，像一个巨大磁场吸引了 500 多位学生，里三层、外三层，围得水泄不通，挤不进来的人就索性站在窗外听。原来，此前刊登在团委、学生会黑板报上的《丑陋的师大人》一文激起了热烈反响，平静的校园沸腾了。饭后茶余，师大人的话题总离不开这篇文章。作者以犀利的笔调无情地揭示和抨击了校园内的种种不文明现象，校报学生记者团以职业敏感抓住这一热点，及时举办讨论会，学子们以辩论的形式探讨了一些学生丑陋言行的根源，亮出各自的观点，由此促进了校园民主和文化建设，提升了大学生的素质。在唇枪舌剑的激辩中，大家讲得最多的就是在艰苦办学、刻苦求学的过程中，师大学子如何更具有“自信、自强、自尊、自爱”的朝气，共同把师大办成美丽的师大，使每个人都成为文明的师大人。

翰墨绿墙

2017年“三教”又一次经历改造，它最具生命力的标志——那大片密密麻麻的爬山虎荡然无存，不少师大人在网上发帖子，表示叹息。这种多年生大型落叶木质藤本植物，其形态与野葡萄藤相似。藤茎不断攀长，甚至爬过房顶。枝条粗壮，老枝灰褐色，幼枝紫红色，枝上的卷须牢牢地扎进了文史楼的墙缝，大片的绿叶覆盖墙面，既隔热，又美观。作为屏障，还可减少四周噪音，并吸附飞扬的尘土。爬山虎是顽强的，有根，就有希望，没过一年它又挣扎着冒出小芽，往上攀爬，彰显着生命的强大。

图 38-3
曾经长满爬山虎的文史楼

这片垂直绿化带曾经是东部校园难忘的一景，不论是即将远行的毕业生，还是回访从前文史楼的历届校友，经过此处，都会驻足凝望许久。1965 级中文系 4 班的乔林龙曾在此楼前感慨作诗，其中有几句是：

熟悉的铃声为我诵读代代智者的箴言，毕生回荡；

明亮的窗口向我推开厚重斑斓的世界，锦绣无双；

隽秀的板书带我追随学术巨匠的足迹，弦歌不辍；

夜晚的灯光为我照亮宁静丰富的书页，翰墨飘香。

割舍不断的文史情缘，催促他们赶紧留下倩影，爬山虎是当时唯一的背景。如今，“三教”变得鲜亮起来，人们反而有点不习惯。斑斑驳驳的历史沧桑一夜间被突然抹去，然而，“三教”的骨子里依旧渗透着当年文史楼的气息。

图 38-4
现第三教学大楼展示的古诗词书画作品

（撰稿：陆建非、洪玲）

上海师范大学
小红楼

标　　签：

上海师范大学历史建筑

地　　点：

上海师范大学徐汇校区

建筑特点：

红砖红瓦坡屋顶的中式建筑

建成时间：

1953 年

建筑承载大事记：

学校历史系文物陈列室正式建成（1957）

建筑赏析：

上海师范大学东部小红楼由建筑师黄毓麟设计。二层高，采用砖混结构，建筑面积 1378 平方米。建筑红砖红瓦坡屋顶，以白色线脚装饰。一层檐部和二层的窗台皆用白色涂料。建筑布局自由，平面呈曲尺形，与另一个自由布局的音乐厅在草坪南北两侧遥遥相望。初建时为中央音乐学院华东分院的行政楼和图书馆，1958 年成为上海师范大学历史系和中文系的办公楼。

朱颜翠微　师道绵长

图 39-1
现在的小红楼

在徐汇校区东部大草坪的北面，茂密的梧桐树荫下，静静地矗立着一幢略显陈旧的二层楼房，师大人亲切地称它为小红楼。这栋建于 1953 年的小楼，由同济大学设计院黄毓麟先生设计，上海市第四建筑工程公司承建。混合结构，总建筑面积为1378平方米。当时的总造价为18万元人民币。

造就英才
文脉不断

小红楼的设计呈不对称布局。外墙采用清水红砖，最初上层用浅黄色涂料粉刷，坡形屋顶显得些许古朴，长长的走廊连接主楼和副楼，屋内还有西洋风格的壁炉。整幢楼宇简洁、精巧、实用，在总体呈现现代建筑风格的同时，又融入了中国传统建筑的元素。

小红楼初建时为中央音乐学院华东分院办公楼和图书馆，著名音乐家贺绿汀曾在此办公。据说二楼东侧的那个大房间便是时任音乐学院院长的贺绿汀的办公室。贺绿汀先生1954—1958年间的代表作有：齐唱作品《歌唱

图39-2
20世纪50年代末的中文历史办公楼

宪法》，合唱作品《节日的队伍》《中印友好歌》《不渡黄河誓不休》，独唱作品《牧歌》《丰收》等。

中央音乐学院华东分院 1956 年改名为上海音乐学院，1958 年迁入汾阳路现址后，小红楼便划归上海师范学院，成为中文系与历史系的办公楼。一楼是历史系的办公室、教研室和资料室；二楼是中文系的办公室和教研室，资料室则在副楼内。

几十年来，小红楼聚集了一大批学术造诣深厚的大师级教授，如翻译家朱雯、诗人任钧、中国古典文学研究专家马茂元、中国诗词名家胡云翼、历史学家程应镠、宋史

图 39-3
程应镠（右二）、徐光烈（中）、颜克述（左二）等在中文历史办公楼前合影

研究专家张家驹、近代史专家魏建猷、世界古代及中世纪史专家朱延辉、世界史才女徐元麟等。这些学者的渊博学识和治学风格，给历届学生留下了深刻印象。

1956 年的上海师院历史系，俨然是北京名校的校友会。张家驹是燕京大学 31 级历史系学生；程应镠是燕京大学 35 级历史系学生；魏建猷 30 年代初曾在燕京大学图书馆工作数年；徐元麟是清华大学历史系 33 级学生，她是安徽省的会考状元、名气很响的才女；朱延辉是清华大学历史系 34 级学生。来历史系客串的徐孝通则隶属于哲学系，他是清华大学哲学系 35 级学生，是金岳霖先生的弟子。程应镠先生是上海师院历史系的主要创建者，也是古籍研究所的创始人。他长期治古代史，在诸多领域获得丰硕成果，尤其是宋史方面，著有《南北朝史话》《范仲淹新传》《司马光新传》《流金集》等，是卓越的古史研究大家。

20 世纪 50 年代中期，时在故宫博物院工作的沈从文受好友程应镠之托为上海师院历史系代购一批文物。沈先生在当时条件允许的范围内精挑细选了官窑瓷器数十件，还有青铜器、玉器、书画、唐卡、钱币等，甚至捐赠了他自己珍藏的乾隆宫纸与数种丝织物。1957 年，历史系文物陈列室正式建成，沈从文受邀来对文物陈列室与文物管理员作了具体指导。历史系文物陈列室的这批文物成为学校最基本的文物珍品，后来的上海师范大学博物馆就是在这个基础上创建的，其藏品迄今仍是上海高校中最多最好的。

培训师资
成绩斐然

2000 年，学校在小红楼东面建造新的文科大楼，原副楼和走廊被拆除。2001 年，上海师资培训中心迁入小红楼。2006 年，秉承“修旧如旧”的原则，学校对这幢楼进行了大规模整修，前后投入 130 多万元，较完整地保持了该楼原来的结构和风貌。

小红楼的新主人是上海师资培训中心（以下简称上海师培中心）。它创建于 1983 年，是教育部接受德国汉斯·赛德尔基金会资助的中德教师培训合作项目的执行单位，

图 39-4
20 世纪 90 年代的中文历史办公楼

直属市教育局（现市教委）领导，是全市普教系统教育行政干部、中小学教师职后培训的市级培训机构。1996 年，原上海市第一师范学校并入上海师培中心，它的前身是日本占领的西侨女童学校设立的欧美侨民集中营所在地，1945 年抗日战争胜利后，大名鼎鼎的儿童教育家陈鹤琴先生在此创办上海私立幼稚师范学校并亲自担任校长。1949 年后，上海市教育局又将上海私立幼稚师范学校更名为上海市第一师范学校，由刘佛年担任校长。2001 年，学校所处的黄金地段——愚园路 460 号被改造成市教委办公地点，但 3 年之后又被市政府收掉，教委迁移到大沽路 100 号，市政府各部门都集中在那儿办公，原 460 号的地块变成了市西中学的一部分。2004 年上海师培中心与上海师大原有的上海市高校师资培训中心在小红楼合署办公，除了原先的职能之外，还承担本市部分高校新教师职后培训的任务。撤、并、合之后的上海师培中心实际上来自 3 个群体（教委的师资培训中心、第一师范学校、上师大的师资培训中心），两种体制（师大编制、教委编制），纵横交叉，学缘繁杂，时有动荡，格局混沌。

上海师培中心最具成效的合作就是与德国汉斯·赛德尔基金会的合作，该基金会总部位于慕尼黑，是德国基督教社会联盟所属的具有政治性质的日常机构。1979 年该会与中国人民对外友好协会正式建立往来关系，是德国“四大”基金会中第一个与中国建立合作关系的基金会。迁移师大校园前，教委领导仔细考察了一番，最终选定坐落在满目青翠之中的东部小红楼。德国专家也对小红楼赞赏有加：结构简约，南北通风，环境幽雅，鸟语花香，树比房高，放眼便是一片生机盎然的大草坪。三任德国专家海因里希、凯夫拉、邵贝德在小红楼办公，感觉如同在德国一样。

长期以来，上海师培中心还致力于边远欠发达地区和少数民族地区的基础教育，成绩斐然、硕果累累。众多各级领导和老师也是借助“赛德尔”通道走近德意志民族以及它的立国之本“二元制教育”的。

2015 年，新的变革再次出现，上海师培中心回归市教委直接领导，挥别度过 15 年光阴的小红楼，迁址隔壁附中，同时名称也更改为“上海市师资培训中心”。

昔日，人来客往；如今，人去楼空，略显冷清，小红楼依旧不亢不卑，静如处子。这幢在上海师大历史上占有重要一席的老楼房即将重新梳妆打扮，它的下一位主人将是谁呢？

（撰稿：陆建非、尹玲玲）

上海师范大学音乐厅

标　　签：

曾经的"远东第一音乐厅"

地　　点：

上海师范大学徐汇校区

建筑特点：

早期现代建筑

建成时间：

1953 年

建筑承载大事记：

世界著名小提琴家奥依斯特拉赫在此演出（1957），首届教职工代表大会（1984）

建筑赏析：

上海师范大学音乐厅与东部小红楼一样，原属于上海音乐学院。小红楼在草坪北面，音乐厅在草坪南面。音乐厅由建筑师黄毓麟设计，声学设计由音乐学家谭抒真主持、同济大学王季卿负责。建筑高二层，砖混结构，清水砖墙，坡屋顶，出檐深远，开竖向条窗，转角开条形长窗。南北两座建筑以回廊连接，是具有包豪斯风格的现代建筑作品。现建筑南部已被拆除，仅存北部部分。

绿杨荫里　繁声杳冥

图 40-1
20 世纪五六十年代的音乐厅

现在上海师范大学徐汇校区的东部校园原为中央音乐学院华东分院。1958 年院系调整，中央音乐学院华东分院搬迁至汾阳路，亦即现在的上海音乐学院，原校址则成为上海师范学院文科院系所在的东部校区。

精心构建
校园设计匠心独具

黄毓麟先生是原中央音乐学院华东分院校园的整体设计者。黄先生毕业于杭州之江大学（后并入上海同济大学），毕业后留校任教。他于1954年不幸英年早逝，年仅28岁，成为中国建筑界的一大损失。1952年至1953年是黄先生的创作高峰时期，中央音乐学院华东分院校园的整体设计即为该时期他的4件主要作品之一，另外3件分别是同济大学文远楼、上海市儿科医院枫林路旧址和上海人民英雄纪念碑。

黄毓麟先生于20世纪50年代初就开始了中央音乐学院华东分院的整体校园设计。根据当时的设计要求，整个作品凸显了实用、经济、美观的特点。一进校门即见自由式园景的中心广场，两侧布置了遥遥相对的非对称式设计的主楼建筑，南面为教学大楼和音乐厅，北面为行政楼和图书馆。黄先生用回廊这一巧妙构思将音乐厅、琴房、办公楼（即上海师资培训中心，现撤出）融为一体，形成回字形，独具特色。风车形的走廊不仅美观，还具有很强的功能性，可在最短时间内疏散观众。而整体的回廊设计让人们在雨雪天也可自由行走于多幢建筑间。

可惜的是，当时建筑师精心设计及构建的东部校区，如今只留下了音乐厅、办公楼（俗称小红楼）、4栋形式各异琴房中的1栋、宿舍中的1栋。当年的回廊设计等特色都已不复存在。我们只能从现在的文苑楼前的人字形广场、东部校区整体的曲线构建出的圆弧形中窥见当年建筑师的精心构思。

音乐厅建于1952年，师大人一般亲切地称之为“东部礼堂”。由上海市第四建筑工程公司承建，1958年划归上海师范学院，现为音乐厅和音乐学院教学、办公用房。该楼为混合结构，总建筑面积2998平方米；总体为现代建筑风格，但同时又融入了中国传统建筑元素。

图 40–2
南面原来有长廊，后因建造教苑楼而拆除

构思巧妙
音响效果令人称奇

中央音乐学院华东分院的整体校园虽为黄毓麟先生所设计，但其中着重强调建筑的声学功能和音响效果的音乐厅兼礼堂则由当时的音乐学院副院长、著名小提琴家谭抒真主持定调。谭抒真 20 世纪 30 年代曾在上海沪江大学建筑系学习，是一位持证建筑师，对新建校舍中的建筑声学问题特别重视，又因音乐学院在江湾旧址的演奏大厅音质很差，故希望新建大厅成为上乘之作。1961 年，谭抒真在文汇报上刊登了一篇名为《音乐演出的音响质量问题》的文章，文中列举了音乐厅音响的若干重要问题，分析了上海各主要剧场的音响特点，此文被视作相关学科的重要论文。

音乐厅建筑声学的功能设计和具体实施则由同济大学建筑系的王季卿教授负责，王教授曾与同校物理教研室的郑长聚共同翻译英文著作《建筑中的声学设计》。音乐厅采用矩形平面形式，内有两层，可容纳近700人，是专供独唱、独奏以及室内乐等小型演出用的。楼座出挑很少，舞台上有一些斜形反射面处理。大厅和舞台墙面、台柱为硬质木纤维板，后墙有软质纤维吸声板，顶棚为钢板水泥砂浆抹灰。水磨石地坪，楼座为木地板。设计虽很简朴，但音质优良，一直为上海音乐界称赞，小型演奏会和报幕人均无需扩声设备。

据王教授回忆，音乐厅于1954年完工后不久，即逢该校在此厅内举行期末考试。学生独奏，数位教师环坐听

图 40-3
音乐厅内的演出

评。传闻有人认为该厅音质混浊不清，不免为之十分沮丧。谭抒真则指出，这是由于教师们过去一直在旧址低矮的大厅进行考试，习惯于较短的混响，故有此议。据他估计，新大厅在坐满听众以后，情况将不同，音质是不会差的。果然，其后此大厅历年演出，皆深受师生和音乐界好评。直至学校迁往市区，师生们仍对此厅怀念传颂。音乐家贺绿汀曾激赞其为“远东第一音乐厅”。1957 年世界著名小提琴家奥依斯特拉赫在这个音乐厅演出后，对它的音响效果也赞不绝口，认为达到了世界一流水平。回国后他还对此念念不忘，获悉他的学生毕凯森第二年要到上海演出，就对毕凯森说，你一定要到上海音乐学院的音乐厅去演奏，那里的效果是最好的。音乐厅直到 2003 年第一次改建以前，一直是上海音响效果最佳的音乐厅之一。改建

图 40-4
今日东部礼堂

图 40-5
1984 年 12 月，学校在音乐厅举行首届教职工代表大会

后，出于某些考虑，封闭废除了两面的侧窗，在一定程度上削弱了其声学效果。音乐厅南面原有长廊通到其南面的房子，后因建造教苑楼而拆除。

音乐厅给每个师大人的校园生活注入了人文和艺术的韵味，这里经常举办各类学术会议和讲座，海内外艺术家频频亮相，而且每周都放映电影。20 世纪 60 年代的名作《年青的一代》就是在这里首先被拍成黑白片的。20 世纪 70 年代的许多重要事件在校内的有限传达也是在这里进行的。

音乐厅见证了师大一甲子的多彩风云。春诵，夏弦，秋学礼，冬读书，音乐厅在光与音中的浪漫邂逅中喃喃细语，述说着师大人的师范和品格。

（撰稿：陆建非、尹玲玲）

上海对外经贸大学
图文信息大楼

标　　签：

上海对外经贸大学标志性建筑

地　　点：

上海对外经贸大学

建筑特点：

超大尺度半圆拱门洞

建设时间：

2002 年

建成承载大事记：

全国第七届大学生运动会开幕式（2004），北京残奥会上海地区火炬传递起跑仪式（2008）

建筑赏析：

图文信息大楼为矩形体量，五层混凝土框架结构。平面布局呈凹形，南面主入口有五层高混凝土半圆拱门洞，拱门与建筑上部以横梁连接，两侧嵌玻璃幕墙。立面以灰白两色为主，底层米色。南面两角略凸出，设连续横向长窗，北面两角连接处内凹不开窗，平屋顶。由入口大台阶拾级而上进入内庭，可达建筑入口，玻璃幕墙搭配混凝土白墙、圆柱，有扇形玻璃门厅凸出。室内大厅通高开敞，灰白两色，三面壁画，圆柱粗壮，入口门厅有夹层。

万川归海 经略兴邦

图 41-1
图文信息大楼外景

图文信息大楼简称“信息楼”，位于校园中心区域，占地 7000 余平方米，建筑面积近 30000 平方米。楼体方正、庄严，以灰白两色为主色调，在思源湖和绿化景观的映衬下显得格外清新、大气。大楼的南面是巨大的拱门，拱门设计方中带圆，采天圆地方之意蕴。圆意动，方属静，动静相宜；既动态发展，又相对稳定，寓意学校在历经两落三起后，走上了平稳发展之路。

立足国内 放眼世界

步入图文信息楼二楼大厅，大堂采用开放式设计，正门全玻璃结构，采光通透。清晨在这里漫步，能听到学生们朗朗的晨读声。大堂内以灰白色为主，采用无天花板设计，显得宽敞、透亮、现代、大气。大厅正面是“马可波罗航海图”，左右两侧分别是名为“东之神”和“西之韵”的画作。

图 41-2
图文信息大楼中央的“马可波罗航海图”

“东之神”以中华民族皮肤颜色黄色为基本色调，代表着东方文化；“西之韵”是以西方人眼睛颜色蓝色为主的抽象画，代表着西方文化。

“马可波罗航海图”置于其中，寓意贸易从航海开始，中西方文化在航海贸易中交融。航海图以世界地图为背景，反映了学校师生“立足国内、放眼全球”的宽广胸怀和远大志向。

立足时代 培养人才

2003 年秋季，赴上海考察工作的温家宝总理冒着炎热的天气来到上海对外贸易学院。此时，临近开学，学生陆续返校，图文信息大楼中学生们正围坐着参加学校党校

图 41-3
图文信息大楼正面

的学习讨论。在热烈的掌声中，温家宝走近学生们。

得知学生们是学对外经贸专业的，温家宝向同学们提了几个问题：“改革开放以来我国对外贸易迅速发展，那么1979年我国对外贸易总量是多少？”“去年我国进出口贸易总额又是多少呢？”“我国外贸工作存在的主要问题是什么？”温家宝和同学们的一问一答间，氛围也逐渐变得活跃起来。温家宝对青年大学生的殷切期望伴随着阵阵欢声笑语，沉甸甸地播入他们的心田。

临别时，温家宝对大学生们殷切嘱咐道：“希望你们政治上进步，学业上进步，能成为国家外贸事业需要的重要人才。”

无限热情 青春万岁

2004年8月24日，全国第七届大学生运动会开幕式在图文信息大楼广场举行。第七届大学生运动会开幕式纪念石位于信息楼南广场的草坪上，长约1.4米，宽约0.7米，纪念石上铭刻着“中华人民共和国第七届大学生运动会开幕式　二〇〇四年八月二十八日”。无限的热情，永远的欢腾，伴随着大型歌舞“青春万岁”传递给在场的万名观众和运动员，传递向祖国的四面八方。大运会“团结、奋进、文明、育人”的赛会主题永远激励着全校学子去拼搏，去奋斗！一曲又一曲，年轻人的歌声永不停歇；一声又一声，健儿们的祝福永远传递！

点燃激情 奉献关爱

2008年9月1日，北京2008年残奥会火炬接力上海市传递活动的起跑仪式在图文信息大楼广场举行。校园里充满了喜庆的氛围，广场周围彩旗飘扬，思源湖上喷泉绽放，林荫道边挂上了“中国加油，北京加油”“点燃激情，奉献关爱”“超越，融合，共享”等标语，残奥会吉祥物福牛乐乐在正门上空翘首期待起跑仪式的举行。

图 41–4
北京 2008 年残奥会火炬接力上海市传递活动的起跑仪式在图文信息大楼广场举行

9 点 30 分，起跑仪式正式开始。上海市人大常委会主任刘云耕在起跑仪式上致辞，衷心祝愿北京 2008 年残奥会圆满成功。在北京奥组委圣火礼仪人员的护卫下，中共中央政治局委员、上海市委书记俞正声从残奥会圣火火种灯里点燃第一支火炬，当众展示后，传递给在国际残奥会上首次打破世界纪录、3 次为祖国夺得金牌的上海籍运动员赵继红，拉开了北京 2008 年残奥会火炬接力上海市传递活动的序幕。

图文信息大楼是学校的标志，也是学校发展的见证者。它像是一位老者，带领一届又一届的学生走进大学，开始人生的又一阶段；又像是一位大师，启蒙一名又一名师生深入书海，增加自己的见识；还像是一位史官，记录着一件又一件大事在上海对外经贸大学的发生，丰富着学校的内涵……时而安静，时而热闹，图文信息大楼从不缺席，它一直都在。

（供稿：周婧宏）

中國會計博物館

上海立信会计金融学院
中国会计博物馆

标　　签：

上海市科普基地

地　　点：

上海立信会计金融学院松江校区

建筑特点：

现代建筑

建成时间：

2013 年

建筑承载大事记：

立信会计学院校庆 85 周年纪念（2013），“当东方遇见西方”丝路会计历史文化国际研讨会系列活动（2017），立信建校 90 周年纪念活动（2018）

建筑赏析：

中国会计博物馆地下一层，地上三层。一层为陈列厅、纪念馆、办公室、商店、报告厅等，二至三层为会堂、办公室等。博物馆展陈部分主要由中国展厅、国际展厅、会计名人堂三部分组成，系统展示了中外会计历史文化及其主要成就。白色石材的方正形体尤为简洁、沉稳、庄重。该馆不仅是学院诚信文化展示教育的重要场所，更是世界第一座会计专业博物馆，致力于服务学校学科建设、教育教学，推进会计历史文化研究和交流。

凝魂聚气　计史永存

图 42-1
博物馆外景

在风景如画的松江大学城，沿龙源路北行，不经意间，会在马路左侧看到一座雄伟的建筑。建筑东面墙上嵌着一行古朴的紫铜大字——“中国会计博物馆”；建筑南壁右上角，则是一个醒目的红色标志——两条云龙环抱着一串算珠。这就是近年来蜚声中外的中国会计博物馆，松江大地上新生的文化地标，上海立信会计金融学院一张靓丽的文化名片。

人文松江
会计寻根

会计专业博物馆由立信人花费十多年心血精心打造，以其丰富的藏品、正规的展陈设计、厚重的文化底蕴，以及会计历史文化研究与传播方面的诸多重要举措，在全球会计界产生了重要影响，被誉为松江最好的博物馆、全球会计人朝圣的历史殿堂。

它矗立在松江大地，与近在咫尺的广富林文化遗址公园、泰晤士小镇、松江老城等，构成亮眼的文化景观，吸引无数人前来探寻会计文化的历史根源。这座建筑也被打造成上海立信会计金融学院诚信文化展示及教育场所，每年新生入学，都会来馆里接受立信文化的洗礼。“信以立志，信以守身，信以处事，信以待人，毋忘‘立信’，当必有成。”由潘序伦老校长确立的“立信”精神，借助会计博物馆这个有形的载体，更为深入地融入了立信教育和文化体系，激励一代代立信人以诚信立身，砥砺前行。

建专业馆
铸会计魂

自有天下之经济，便有天下之会计。经济越发展，会计越重要。对会计人而言，这些认识早已深入心底、不言而喻。立信是一所具有悠久历史的高等院校，堪称近现代中国会计发展的历史丰碑。然而，当谈及会计、谈及立信，通常人们只能用到诸如“历史悠久”“底蕴丰富”等空洞的言辞，而难以有更为深刻而直观的认识及理解。

2008 年立信建校 80 周年校庆之际，谈及立信历史和文化传承，人们很自然地联想到以什么样的方式来表现和弘扬立信文化。经过一番考察论证，学校提出了建设中国会计博物馆的计划。为此，学校组织了专门的团队，走访国内会计界前辈，就建馆事宜征求意见和建议。立信事业3家单位（立信会计学院、立信会计师事务所、立信会计出版社）同心聚力，从人、财、物各方面为博物馆建设提供支持。藏品征集工作小组笃信博物馆“以藏品为王”，跑遍大江南北，征集了大量藏品资料。

2013年11月23日，一座标准的会计专业博物馆建成开馆。博物馆丰富的展品、大气的设计、精巧的细节处理惊艳了观众。作为全球第一座融专业性与实务性于一体的会计专业博物馆，中国会计博物馆总建筑面积4500平方米，展陈面积2000平方米，由中国展厅、国际展厅、中国会计名人堂三大展厅构成，以“人、物、史”结合的方式，系统展示了悠久的会计历史。

图 42-2
博物馆大厅

图 42-3
会计账簿专题

藏品为王 技术先行

中国会计博物馆属于高校博物馆序列，充分利用博物馆收藏、陈列、研究、文化推广和教育等多方面功能，服务学校学科建设、教育教学，推进会计历史文化研究和交流。

博物馆以藏品为王，征集、整理与会计历史文化相关的各种藏品资料，聚世界各个国家、不同文明的会计历史文化遗存于一体，通过综合性的比较、分析和研究，推进全球会计历史文化研究和交流，让观众通过各种具象和生动活泼的展示，了解历史文化，深化对历史文化的理解和体悟。

会计博物馆收藏中外会计历史藏品资料 17000 余件，以中外账簿、会计用品、会计报告、各类契据、公私档案、股票证照为主要特色。该馆的会计账簿收藏包括中国账簿3000余件，国际账簿500余件，为会计账簿收藏之最。

博物馆中国展厅和国际展厅中共展出中外会计历史藏品资料2000多件，以时代线索与专题结合的方式，系统展示中外会计历史文化及其主要成就。为了充分发挥藏品资料的价值，让众多藏品被人们认识并熟悉，会计博物馆启动了藏品数字化建设。2011年7月，博物馆官网上线，采用360°全景漫游，藏品2D展示、3D展示，会计历史专题片等多种数字化技术方法，全方位展示藏品及会计历史文化。2014年6月，完成104件藏品动态全景制作及部分藏品的展示视频短片。2018年3月，完成馆藏账簿与契约计8万页（件）的基础信息扫描处理。2019年12月，完成第二批7.5万页（件）账簿与契约的基础信息扫描处理。与此同时，数据库平台建设也在同步推进。

引领学术 走向国际

对当代博物馆而言，除最基本的收藏、展示、教育功能之外，学术研究的地位也在日趋突出。

中国会计博物馆自筹建之始即特别重视学术研究功能的开发与拓展，注重做好各项相关工作，包括：①学术资料的收集、整理和基础性研究；②拓展学术联系，与国内外重要的收藏、研究机构及研究人员建立学术联系；③开展藏品资料的数字化整理，建设会计历史文化数据资源平台；④建立国际会计史研究中心，组建学术研究团队；⑤举办学术会议，开展多种形式的学术交流；⑥编辑出版藏品图录，以及《会计史学刊》。

2016年6月，中国会计博物馆相关人员应邀出席在意大利佩斯卡拉举办的第十四届世界会计史学家大会（14th World Congress of Accounting Historians），在会上作了题为“Making Accounting History Matter and Better: the way of establishing an accounting museum”的主题发言，详细介绍了中国会计博物馆的建设情况及与国际学者合作开展敦煌会计文献研究的情况，展示了中国会计史学界在促进会计史研究方面所作出的巨大努力。

2017年11月博物馆开馆三周年之际，这里还举办了“丝路会计历史文化国际研讨会：当东方遇见西方”。会议充分发挥了会计博物馆的资源及资料优势，来自美国、英国、意大利、日本、韩国、澳大利亚、荷兰等 7 个国家和中国香港、台湾、大陆地区，涵盖会计学、敦煌学、历史学、经济学、法学、管理学、考古学等多个学科门类的 50 多位专家学者，就东西方会计历史文化交流的广大议题进行了卓有成效的交流与研讨。在此前后，通过多次举办形式多样的学术会议和专题研

图 42-4
宋小明副馆长在第十四届世界会计史学家大会专题研讨会上作主题发言

讨，以中国会计博物馆为中心，聚集了众多中外会计史、经济史及相关领域研究学者开展合作研究和交流，形成了会计史学研究非常重要的国际合力。政府会计准则研究方面的国际著名学者、美国芝加哥伊利诺伊大学荣休教授陈立齐（James L. Chan）先生为会计博物馆走向世界、参与国际学术交流作出了许多努力和贡献。对英国会计史学家、伦敦政治经济学院睿嘉（Richard Macve）教授而言，中国会计博物馆似乎已经成了他另外一个家，每年他都会来馆里待上十天半个月，查阅馆藏资料，与博物馆研究人员进行深入的交流讨论。

博物馆的学术工作得到了国内外诸多专家教授和年轻学者的大力支持。作为会计史研究和交流的一个特殊平台，中国会计博物馆正在发挥着日益重要的作用。

立信精神
百世流芳

中国会计博物馆是世界的，也是立信的。博物馆弘扬会计文化，立足于立信的历史根基，继承了立信人 90 多年追求诚信、艰苦奋斗、为发展中国会计事业不懈努力的精神。

在近一个世纪的奋斗中，“诚信”成为立信人共同的诫勉和追求。中国会计博物馆作为立信人的精神家园，立诚信志，铸诚信魂，不论是场馆建造和布展设计中，还是日常的工作中，都时时处处体现诚信精神。

博物馆序厅顶部，用了一个硕大的“信”字徽记，与正面墙壁孔子的名言“会计当而已矣”相辉映。博物馆在中国展厅还专门设计了诚信文化板块，以“诚信树”的特殊形式彰显立信人的诚信追求，并以此作为新生入学教育的重要环节。博物馆多年来一直组织诚信文化征文大赛，举办诚信文化专题专栏，在志愿者和参观者中广泛地宣传诚信文化精神。

文化自信是一个国家、一个民族发展中更基本、更深沉、更持久的力量。文化的力量潜藏在历史中，也隐含在当代中国人民的生活日常和保护文化遗产、弘扬历史文化的各种行动中。中国会计博物馆已经在上海这座具有丰厚文化底蕴的现代化城市树起了

图 42-5
诚信文化展区

中国会计面向世界的文化大旗，也必将凝聚力量，在未来的道路上走得更稳、更远。

（撰稿：宋小明、柏聪）

上海海关学院
明志馆

标　　签：

上海海关学院校史馆

地　　点：

上海海关学院

建筑特点：

西班牙风格建筑

建成时间：

原校址建筑始建于 1932 年，现校址建筑仿建于 1997 年

建筑承载大事记：

作为江海关税务司官邸（1932—1943），作为海关副总税务司丁贵堂官邸（1943—1949）

建筑赏析：

明志馆是上海海关学院的校史馆，1997 年建成，按照 1：1 比例仿照汾阳路 45 号上海江海关的海关税务司官邸修建。原建筑由海关营造处韩德利（Morrison Hendry）设计、辛丰记营造厂营建，是上海首批优秀历史建筑。上海海关学院明志馆小巧玲珑、体态优雅。建筑主体二层，加屋顶层共三层。建筑平面呈半弧形，由一个主楼和两侧在平面上有一定外倾角度的侧楼组成。建筑红瓦黄墙，具有西班牙建筑风格。立面上有白色的山花和优雅的柱式，屋顶上开老虎窗。

爱国明志 继往开来

图 43-1
明志馆正面

上海海关学院明志馆暨校史馆位于浦东新区华夏西路5677号上海海关学院校园西南角，是一幢独立的西班牙风格花园洋房，房前是一片绿茵茵的草地，四周簇拥着花卉树木。洋房占地面积约4000平方米，建筑面积1236平方米，高二层，假三层，平面对称，砖木混合结构。房屋外墙用乳黄色墙面漆粉刷，屋顶铺红色筒瓦，山墙饰帕拉第奥式窗，阳台有铸铁栅栏，门窗用纤细精巧的水泥砂浆雕饰，窗间有螺旋形柱，底层有开敞式露台，大门前有3个连续的半圆拱形券门形成的门廊……整个建筑错落有致，甚是小巧别致，充分体现了西班牙建筑的特点。

继新中国海关
使命之往

明志馆建成于1997年校址迁移浦东之时，按照1∶1比例复制原校址汾阳路45号西式建筑。原校址的这一建筑始建于1932年，由海关营造处的英国设计师韩德利设计、辛丰记营造厂营建，是上海首批优秀历史建筑，从建成之日起，就作为江海关税务司的官邸。鸦片战争之后，中国关权旁落，当时担任海关要员的都是外国人。丁贵堂是入住这幢洋楼的第一位中国人。

丁贵堂（1891—1962），辽宁海城人，1916年于北京税务专门学校（上海海关学院前身）毕业后入总税务司工作。有着强烈爱国之心的丁贵堂，在任安东关帮办时，常因中外关员待遇不平等的事情与欺压中国关员的外籍关员抗争。在任江海关汉文科税务司时，丁贵堂提倡华洋平等的原则，规定将海关多种单据刊物译成中英文对照，以便华商应用，打破了英文的“一统天下”。至于海关行政主权及施行华洋关员平等待遇等，丁贵堂无不随时随事与总税务司竭力陈请，甚至不顾个人利益与上司犯颜抗争。1943年，丁贵堂初任全国海关代总税务司、副总税务司，成为首位掌海关领导权的华人。中华人民共和国成立前夕，他毅然拒绝前往台湾，留在上海努力使海关的关产和档案完整地保存了下来，为关权复归祖国、移交人民政权作出重要贡献。1949年，丁贵堂参加了中国人民政治协商会议第一次会议，此后历任海关总署副署长、海关管理局局长，主持海关建设，被毛泽东主席亲切称为“丁海关”。

丁贵堂被任命为中华人民共和国海关总署副署长时，举家迁往北京。1953年对外贸易部上海海关学校（上海海关学院前身）成立的时候，汾阳路45号的这幢洋楼就成

图 43-2
丁贵堂像

了学校的行政综合楼，直至 1997 年学校迁移至浦东校区，历经 44 年。1989 年 9 月 25 日，汾阳路 45 号洋楼被核定为上海市文物保护单位。该建筑既经历了过去关权旁落受制于人的屈辱史，也见证了今日复归关权矢志不渝的奋斗史，更承载着学校为国家经济建设和海关事业发展育人不倦、砥砺奋进的光荣历程。

开新时代海关教育之来

如今，明志馆被改建成上海海关学院的校史馆。这个小小的校史馆完整地保留了建筑的内外部结构，本着“时光倒流”的设计理念，以场景还原、实物陈列和展示说明相结合的方式，系统展示了中国海关教育 112 年和学校 67 年的发展历程，是面向海关内外及教育界同仁、学院师生和家长展示中国海关教育发展历程的一个很好的窗口，也是学校对师生开展爱国爱关教育的基地之一。

校史馆作为一代又一代关校学子的精神寄托，它曾经所见证的和如今所展示的学校历史，无不体现着 60 多年来传承不息的“爱国明志、开放博学”的校园精神。“爱国明志”强调的是服务海关的职业信念和奉献祖国的人生目标，它是海关教育的根本要求，也是学校的历史传统，是学校的立校之本、发展之基；“开放博学”是学校在新时代实现自我发展、提升教育水平的根本前提，更是新时代海关高等教育开放化、国际化发展趋势的必然要求。

（供稿：徐京卫、张嘉伦）

上海电机学院
临港校区图书馆

地　　点：

上海电机学院临港校区

建筑特点：

新古典风格建筑

建成时间：

2011 年

建筑赏析：

上海电机学院临港校区图书馆由上海华东城建（集团）有限公司设计。建筑地上七层，地下一层，有主楼、裙房与钟楼。主楼呈梯形平面，对称布局，室内空间结构为 8.4 米柱网，空间划分灵活，集藏、借、阅、管功能于一体。外立面为“电机红”，运用简化的历史符号装饰，并有砖饰与混凝土饰的几何细部，兼具现代与后现代特征。塔楼布置在建筑前方一侧。

文脉追寻　其命维新

图 44-1
图书馆夜景

在美丽的临港大学城月河河畔，有座历史主义现代复兴风格的建筑，主楼外观规整、线条疏朗，钟楼矗然耸立、造型雄伟。迎着朝阳与雨露，它默默地陪伴着广大莘莘学子度过无数个日日夜夜。这就是上海电机学院临港校区图书馆大楼，它是上海电机学院发展的历史见证与缩影。

筚路蓝缕 玉汝于成

上海电机学院图书馆经历了学校建校和复校时期的艰苦积累阶段、复校后的蓬勃发展阶段，为学校培养大批优秀人才发挥了重要的文献支撑作用。

学校于 1953 年始建，初时校名为中央第一机械工业部上海电器制造学校，由原第一机械工业部电器工业管理局筹建，并由上海中学、上海工业学校、国立上海高级机械职业学校部分师生组建而成。

然而，在 20 世纪 90 年代之前，学校并没有属于自己的独立图书馆大楼。几十年间，图书馆或位于行政楼地下室，或位于教学楼一隅。尽管条件艰苦，但电机学子依旧尽可能地抓住学习机会，利用图书馆的有限条件，努力充实自己。

1991 年 6 月图书馆大楼竣工，学校终于拥有了第一栋独立的图书馆大楼。

匠心独运 文脉印记

随着临港校区的启用，学校的发展翻开了崭新的一页。2011 年 9 月，临港校区图书馆大楼正式投入使用，并成为校园内的标志性建筑之一。初到临港校区，图书馆大楼无疑是校园里最好的指路标。

整栋建筑以寓意“自强不息、追求卓越”的电机精神的“电机红”为建筑外墙主色调，并适时点缀以其他色彩，形成明度不一、多层次的色彩体系。

临港校区图书馆还利用现代建筑符号，运用砖和混凝土来打造细节，透过对近 70 年来办学历史文脉的找寻，把建校初期“学校工厂合一，教学生产并重”“边讲边练，

图 44-2
图书馆正面

图 44-3
图书馆内景

图 44-4
图书馆钟楼局部

讲练结合”的教学模式和“技术立校，应用为本”的办学道路中，所蕴含着的矢志不渝、锐意进取的精神文化，所积累的厚重的历史记忆与洒脱、精致的现代手法融为一体，形成严谨有序、简洁明快的建筑风貌。

如今，在图书馆大楼里认真学习、接受知识洗礼的电机学子，和当年在简陋的图书馆里努力拼搏的学子，虽然境遇不同，但渴望知识的心却别无二致。而这，也许便是电机校园的文脉所在吧。

秉承着上海电机学院近 70 年来的办学传统，追寻着工科院校的发展文脉，临港校区图书馆大楼，巍然矗立于临港校区的正中央，伴着钟楼时时响起的钟声，无时无刻不激励着每一位电机学子——只争朝夕，不负韶华。

（撰稿：潘帅豪）

上海政法学院
图书馆

标　　签：

上海政法学院标志性建筑

地　　点：

上海政法学院新校区

建筑特点：

体现地域特色的现代建筑

建成时间：

2008 年

建筑承载大事记：

获白玉兰奖（2008）；吉尔吉斯斯坦前总统萝扎·奥通巴耶娃，联合国经济、社会、文化权利委员会主席海梅·马尔昌·罗梅罗为图书馆题词（2012）

建筑赏析：

上海政法学院图书馆位于学院新校区思源湖畔，三面环水。由罗凯设计，曾获上海市建筑设计优秀奖和白玉兰奖。建筑共三层，巨大的两坡屋顶之下，形体舒展自由。同时使用方形、圆形、三角形等设计元素，体量组合丰富，色调沉稳典雅，在现代风格中显示着庄重的古典气息和灵动的江南意蕴。室内雕塑、陈设、装饰无一不寓意深刻，处处表达着对学生治学的勉励。

书山有径　学海无涯

图 45-1
临水而居的图书馆侧影

在上海政法学院新校区思源湖畔，坐落着一幢美丽的建筑——图书馆，与明文苑、法学教学楼隔湖相望。春暖花开之时，透过图书馆的玻璃窗，可看到窗外樱花如云、落英缤纷，还时常可见白色水鸟掠湖而过，黑天鹅引颈高歌。图书馆已经成为上海政法学院的地标性建筑，是每个上政学子最深刻的一抹记忆。

创新设计
空灵美感
精神家园

图书馆始建于2008年。作为上海政法学院校园内有特色的独立建筑之一，图书馆由上海市建筑设计领军人物罗凯精心设计，获上海市建筑设计优秀奖，建筑施工获得我国建筑领域最高奖项——白玉兰奖。图书馆分为三层，其总面积达15500平方米，2010年投入使用。

图书馆左邻学校综合研究中心，右邻学校最大的学术报告厅——天马讲堂，大门正对草坪和竹林围成的天马广场，千步泾环绕其左右。葱翠的竹林和开阔的草坪隔绝了城市的喧嚣，为埋头阅读的上政学子提供了良好的学习环境。深幽的河水体现着图书馆的灵性，三面环水的设计蕴意“书山学海”：书山有路勤为径，学海无涯苦作舟。图书馆是每一位上政学子宝贵的精神家园。

滴水石穿
无懈坚持
凝聚情怀

进入图书馆大厅，顶上点缀着9盏水滴形大吊灯，晶莹剔透，与中庭里一滴水落下荡起层层波纹的雕塑遥相呼应，设计理念是“水与水平”，旨在提醒法学学子牢记“公平”之要义。这组雕塑同时寓意“滴水穿石”，治学需要有恒心、有毅力、坚持不懈；还有一层寓意是“滴水之恩当涌泉相报”，读书要想着回馈家人、回馈社会。

图 45-2
图书馆大厅的水滴形大吊灯

徜徉书海
阅读悦己
立己达人

在图书馆正门，有学校名誉校长刘云耕同志题写的“图书馆”三个大字，笔锋遒劲有力。图书馆内伫立着一群少年手拉手围绕在地球周边的雕塑，其设计理念是“捍卫地球、捍卫和平、保护环境”。学校希望学生能以此为奋斗的目标，时刻以公正与和平为己任。图书馆三楼，正对一、二楼阅读大厅有一座用图书摆放成的书山形书架——寄语学生勇攀书山高峰；墙上刻着闻名于世的四大法典——《汉穆拉比法典》《十二表法》《法经》以及《摩

图 45-3
名誉校长刘云耕为图书馆题词

图 45–4
夜晚，徜徉于书海中的上政学子

奴法典》的大型浮雕，时刻陪伴着阅读中的法学学子们。

白天，图书馆人来人往，是上政人文化活动的中心；夜晚，图书馆灯火通明，在湖水的映衬下，如同一座水上宫殿。优美的自然环境、儒雅的人文气息、浓厚的学术氛围，共同构建了一个专属于上海政法学院图书馆的宁静而又舒适的阅读环境。

现代技术 立足师生 智能服务

学校图书馆引入现代化图书馆功能设计理念，实现服务功能智能化、一门式进出、一站化服务的新服务模式，借书还书自动化，还书不受开闭馆时间的限制。图书馆换气系统采用了先进环保的地热源气泵，依靠地下100米以下的地热能源和思源湖水，凭借空气对流调节馆内温度。图书馆有座位2200个，内设8个开放式阅览区域，充分利用自然光照明。在服务软件技术方面，图书馆是国内首个全面引入3M RFID智能图书馆系统的高校图书馆，实现了自助智能馆藏24小时还书等服务功能的突破。

图书馆以现代化高校图文信息资源中心为发展目标，秉承“服务师生教学科研，体现学院发展特色”的宗旨，坚持“读者第一，服务至上”的现代化图书馆办馆理念，以数字化网络化技术为支撑，以“借、阅、藏、查、咨一体化”服务模式为核心，以开拓服务领域和服务方法为突破口，积极探索服务模式创新路径，努力为发展教育科学文化事业和满足学校教学科研信息需要提供坚强有力的文献信息资源保障。

牢记历史 不负使命 文化传承

图书馆发展至今，经历了四个阶段。1985年6月，建校之初，图书馆设在校园内的临时用房。同年8月，图书馆迁入新建的第一教学大楼，使用面积为900平方米，开辟了校刊阅览室和流通书库，并设立采编组，实行分工负责；9月，图书馆开馆，对首届学生开放全开架借阅服务。1988年1月，独立的单体建筑图书馆大楼竣工，建筑面积约5400平方米，可容藏书50万册；2月7日，举行新馆验收典礼，图书馆大楼被评为市优质工程；3月15日新馆正式开放。2008年，新的图书馆大楼开始建设，2010年投入使用。

图 45-5
20 世纪 80 年代的图书馆

作为学校文化交流中心之一，图书馆经常举办文化交流活动。2010 年图书馆搬进新馆后，每年承接大量参观考察工作。如 2012 年 5 月 6 日，吉尔吉斯斯坦前总统萝扎·奥通巴耶娃访问学院并受聘为学院名誉教授，参观了图书馆，并为图书馆题词。2012 年 7 月 19 日，联合国经济、社会、文化权利委员会主席海梅·马尔昌·罗梅罗先生，联合国经济、社会、文化权利委员会专家罗西奥·巴拉荷拿·列拉女士，丛军女士到校参观访问。海梅·马尔昌·罗梅罗先生为图书馆题词，题词的大意是：图书是人类最宝贵的财富，是人类获取知识、培养能力的重要工具。今天的图书馆正以此为使命，让上政学子在知识中升华人生。

（供稿：方乐莺）

复旦大学上海医学院一号楼

标　　签：

上海市优秀历史保护建筑、上海市科普教育基地

地　　点：

复旦大学枫林校区

建筑特点：

中国古典复兴风格建筑

建成时间：

1936 年

建筑承载大事记：

陈毅市长在此作报告（1949），抗美援朝志愿医疗队在此成立（1951），被列为上海市科普教育基地（2015）

建筑赏析：

复旦大学上海医学院一号楼由隆昌建筑公司设计，中国古典复兴风格。原建筑为钢筋混凝土结构，呈凹字形，中部四层，两翼三层，布局对称。立面上下分三段：下段混凝土基座；中段红色清水砖墙；上段有带栏杆的平台，设中国传统宫殿形式建筑，红柱黄瓦施彩画，上段中部为十一开间歇山大屋顶，南屋面有老虎窗九只，具海派特色，两翼尽头有攒尖方亭各一，以长廊与中部相连。两翼与主楼间有拱门通道。主入口颇华丽，开三扇石拱门，上有汉白玉栏杆，露台后圆柱两层通高。楼前有巴洛克庭院与西洋喷水池。

沧桑砺洗　风采依旧

图 46-1
1936 年建成的国立上海医学院校舍（今一号楼）

复旦大学上海医学院进门的南侧耸立着一幢融合中西建筑风格的楼宇，这就是一号楼。宫殿式层顶令大楼气宇非凡。红砖砌墙、汉白玉栏杆颇显中国古代建筑的庄严、典雅，全部建筑镶嵌钢窗木门使得内饰简约、厚重。

国立上海医学院（现复旦大学上海医学院）校舍（一号楼）于 1936 年 9 月落成。自 1937 年 4 月启用以来，一代代的上医人都喜欢将这座东方艺术宫殿式建筑风格的大楼作为背景，拍下令人难忘的毕业照。它也是上医人踏上为人群服务、救死扶伤行程的起点站。

几经周折 众志成楼

1927 年，国民党中央政治会议通过变更教育行政制度的决议，以“大学院”取代教育部，以“大学区”取代各省教育厅。江苏作为大学区制的试行省，在南京组建了第四中山大学，共设 9 个学院，其中医学院和商学院设在上海吴淞。同年 7 月 9 日下发公函，指定占地 18777 平方米的吴淞前国立政治大学为医学院院址，任命颜福庆为医学院院长。

颜福庆（1882—1970），字克卿，1904 年毕业于上海圣约翰大学医学院，留美获耶鲁大学医学博士学位、哈佛大学公共卫生学 CPH 证书。曾任湘雅医科专门学校校长，抗战时一度出任国民政府卫生署署长。

1932 年，淞沪抗战爆发，医学院的吴淞校舍毁于日寇炮火。圣约翰大学将医科教室借给医学院作一、二年级教学用，并提供一部分校舍作为男生宿舍，学校另租用胶州路民房为女生宿舍。此时，颜福庆等人一面为国难奔走，一面筹备战时复校。为尽快解决校舍问题，同年 5 月，学校拨款在校实习医院（今华山医院）海格路（今华山路）红十字学会总医院西首空地建造临时校舍共两幢四层，楼房共计面积 2886 平方米，同年 10 月落成，各年级迁入，开始上课。

1932 年 7 月 22 日，国民政府行政院决定：中央大学医学院划出独立，改名为国立上海医学院，并聘颜福庆为院长。中国人自己创办的第一所医学院校就此诞生了。它的办学宗旨是：提倡公医制，强调公共卫生，预防为主，为人群服务，反对私人开业和

图 46–2
颜福庆旧照

追求个人名利。

1933 年 1 月 17 日，学校将吴淞校址移交同济大学，并举行了移交仪式。

随着办学规模的扩大，在海格路的两幢临时校舍已不能满足教学的需要。1933 年 10 月 12 日，颜福庆等人发起了筹建上海医学院新校舍和中山医院的倡议。该倡议也是颜福庆梦寐以求的建立"上海医学教育中心"的计划之一。

颜福庆在新校舍的选址上广泛地听取了各位专家的

意见。由于原来的校址地处乡僻的吴淞，而实习医院在市西的海格路，学生实习以汽车为交通工具，往返费时，深感跋涉之苦。所以他强调新建的院舍有几点要求：一是交通要方便学生到医院实习；二是要考虑到将来有扩充的可能；三是作为附属医院，应接近人口稠密区，收入能自给。

1934 年春，学校计划新建校舍，选枫林桥沪南八图成字圩购 100 余亩土地，兴建校舍及附属医院。由于该地块业主多达 40 余家，收买土地相当不易，学校便以建

图 46–3
1936 年建成的国立上海医学院校舍（今一号楼）大礼堂外景

院校是慈善公益的理由，呈报市政府，要求按照相关土地法条例征收上述地块。1935年7月5日，市土地局在市政公报及各主要日报上刊登布告，将内政部核准建筑上海中山医院及上海医学院新校舍，依法征用枫林桥民地100亩，及征收民地的详细名单和征地、迁坟的费用补贴，一一列出。

一号楼由隆昌建筑公司设计，基泰工程司负责招标，汤秀记建筑厂用180天完成了全部建筑工程。一号楼设计成凹字形大厦，共分三部分，即中部及左右两翼的连体建筑。中部分四层，成宫殿式层顶，占地110平方米。一层为大礼堂、办公处、图书室、解剖学科及病理学科教研室。二层为大礼堂，楼厅，公共卫生科、生物学科、药理学科、生理学科及物理学科教研室。三层为标本陈列室，细菌学科、寄生生物学科、化学科及生物化学学科教研室。四层为仪器修缮室、储藏室及女生宿舍。左右翼分成三层，屋顶中部建造宫殿式亭子一座，占地90平方米。一层右翼为图书阅览室及图书研究室，左翼为学生实习解剖室，室旁设有尸体保存室。二层两翼均为各科室大教室，每室可容学生约百人，座位采用阶梯式，无视觉阻碍。三层两翼均为各科学生化验实习室。解剖室、大教室及实验室，均另设进出之门、盥洗室及更衣室，学生进出及实习之际均不会互相干扰。各室旁设有教员研究室以指导学生，十分便利。各室形似独立，其实可贯通一气。大礼堂下层可容330余人，楼厅可容百余人，楼后设影机室，可供各种集会之用。

一号楼的三部分建筑，其结构皆用水泥钢骨混凝，务求坚固耐用，外观简朴、庄严，内部亦求简略。外部墙垣一律用上等红砖和水泥镶成，内部墙垣亦砌砖，房壁则用木质，各部走廊、厕所及实验室的地面一律用人造石，办公室及教研室的地面则一律用木板。全部建筑都配以钢窗，各门框概用木质。砌墙用的红砖分清水及混水两种。

1936年9月，新校舍建成，基础医学各科迁入上课。

1937年4月1日，学校举行新校舍暨中山医院开幕典礼，同时举行中华医学会第四届大会、中华麻风学会第三届大会、中国医史学会第一次中国医史文献展览。国民政府行政院副院长孔祥熙等政府要员、社会各界及医学界人士约千人参加，盛况空前。孔祥熙致词，颜福庆报告两院筹建经过，孔夫人宋霭龄为新校舍和中山医院揭幕剪彩。

图 46-4
1937 年国立上海医学院落成、中山医院开幕

中华药学会、上海市医师公会、全国医师联合会、教育部医学教育委员会、中华民国全国新药同业公会联合会等单位及个人发来贺电。大会共收到论文提要 300 余篇。

之后国内的著名学者如马寅初、沈雁冰曾到学校的大礼堂作学术讲座。陈毅、潘汉年、陈同生等同志也曾在礼堂作时事报告。

历时重生
英姿焕发

抗战期间，学校曾被美航空军队、国民党新六军、日伤病医院强占。1946 年 3 月，学校从重庆迁回时，大楼已饱经风霜，面目全非。经过修缮和设备安装后，于 8 月正式开学。全体师生员工在大楼前举行盛大的团聚会和文艺表演。

1949 年 4 月 25 日，国民党在各高校大肆抓捕进步学生。学校地下党组织发现四楼的女生宿舍居高临下，视野开阔，能够很清楚地看到学校四周的情况，故设女生宿舍为“瞭望台”，一旦发现周围有可疑的人进入学校，“瞭望台”就向住在西侧二号楼的男生宿舍发出事先约定的信号。当时担任学生会主席的吴新智院士回忆说，那天他本来要外出，后来得到女生宿舍发来的信号，及时地采取掩护措施，才得以免遭国民党特务的毒手。

80 余年来，历经时光的磨炼和战火的洗礼，这幢楼的风采依旧，愈加英姿勃发，熠熠生辉。它的风采来自建筑本身，其体积庞大，左右对称，是典型的中西合璧的多层建筑；汉白玉栏杆、红柱、金黄色琉璃瓦歇山顶；檐下架上，施传统彩画图案；屋脊兽吻等颇显中国明清宫殿建筑特色。在当时，国立上海医学院大楼无论从规模、设备，还是它那美轮美奂的建筑，都可以和世界上任何一个医学院媲美。时光荏苒，虽几经翻修，但往昔的辉煌仍清晰可

图 46-5
复旦大学上海医学院一号楼

见。中西有别，但在它身上巧妙地结合在了一起，建筑所折射出来的美也就体现在这种东西文化的融合之中。它的风采还来自无数为它付出过心血的人们，为了建造新校舍及中山医院，在全国乃至世界各地发动了48支募捐队，这样规模的募捐活动在如今也是令人感叹的。国民政府曾想把一号楼买下做办公楼，但遭到颜福庆老院长的断然拒绝，因为这里蕴含着无数中国人对未来中国医学事业的期待。岁月如梭，80余年来，无数的医学教育家没有辜负人们的期望，学成后踏上救死扶伤、为国奉献的征途。在上医的辉煌历史中，曾有16位教授在1956年被评为国家一级教授，在全国高校中并不多见。如今，上医毕业的学生遍布全国乃至世界各国，诞生了韩启德、桑国卫、李大鹏等在学术上卓有成就的国内外院士54位，有扎根边疆为藏民服务的草原好“曼巴”王万青，还有无数医学教育者和白衣天使，在他们的岗位上默默地奉献着。正因为有了他们，这幢楼才显得格外美丽。

1994年，一号楼被市政府列为上海市优秀历史保护建筑，经常有一些电影或媒体摄制组来此取景。现在它除了作为行政办公楼外，还发挥着基础医学教育的重要功能。一楼的礼堂，经过2013年的重建，现为集现代化医学教育和医学常识普及于一身的开放性的病理学博物馆。馆内收集了人体各种疾病的病理标本2700余个，其中不乏目前我国基本销声匿绝的疾病标本。焕然一新的病理标本博物馆将人体病理标本展示于医学生病理学专业教学中，并与社会大众普及医学科学知识密切结合起来，作为上海医学科普教育基地，每年接待人数逾万。二楼的礼堂现在已是校史陈列室，新生通过校史的启迪，爱校荣校之情总会油然而生。

举目远眺，世事沧桑中一栋体量庞大的中国传统官式建筑巍然屹立着，把这所百年院校凸显得现代前卫，又充满历史的点点痕迹。老校友返校至此，看着校史馆展出的一幅幅老照片，都会沉浸在对往事的回忆和对美好未来的憧憬中。

（撰稿：邱佩芳）

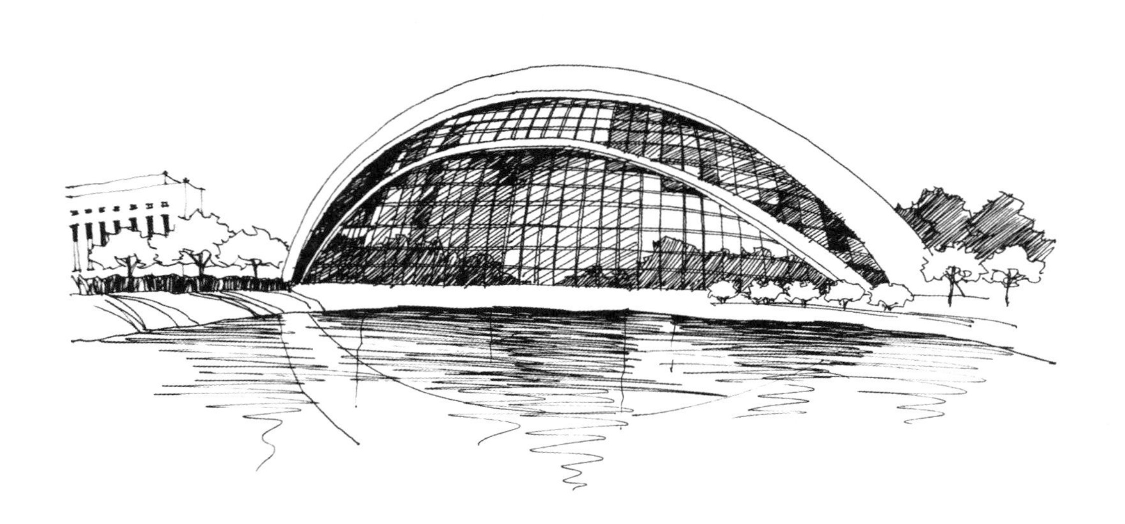

上海视觉艺术学院
图文信息中心

标　　签：

全国文化工程共享数字资料馆、联合院线联盟影院、松江区市民文明修身实践基地

地　　点：

上海视觉艺术学院

建筑特点：

现代主义风格的大跨建筑

建成时间：

2005 年

建筑承载大事记：

作为全国设计年会上海站主场馆（2019），历届上海大学生电视节闭幕式主会场、松江大学城七校原创校园剧展演地（2019）

建筑赏析：

上海视觉艺术学院图文信息中心是上海视觉艺术学院的标志性建筑、校区版图的视觉中心。建筑坐北朝南，三面环水，其一层拔起，大气庄重。南向“大眼睛”（千座剧场）采用无柱跨拱的巨型钢结构，大面积的弧形玻璃幕墙空灵通透，与北侧欧陆风格的图书馆反差强烈，诠释了当代艺术与经典美学的碰撞与兼容。

潋滟波光 美目盼兮

图 47-1
南侧鸟瞰图

图文信息中心南北楼是上海视觉艺术学院的标志性建筑、校区版图的视觉中心。建筑坐北朝南、一层拔起，磅礴恢弘、大气庄重，也是整个校区规划的视觉中心。南

图 47-2
北侧全貌

向形如大眼睛的千座剧场与北侧欧陆风格的图书馆反差强烈，其设计理念诠释了当代艺术与经典美学的碰撞与兼容。

文艺荟萃
视界臻品

图文信息中心承载着多元文化功能，但主要功能为图书馆、展示、演出、会议。中心总建筑面积 26400 平方米，南面为展示、演出区，由可举办各种艺术展览的展示大厅以及各种功能房组成；北面为图书馆、会议中心和学院计算机中心。校图书馆位于一、二层，建筑面积约6000平方米，目前藏书34万册，其中建筑、绘画、雕塑、平面设计、服装设计、摄影、电影、表演等艺术类专业图书占到近二分之一。原版艺术类专业外文图书3000余册，原版外文期刊180余种，中文报刊550种；中外文合订本期刊10000余册。另藏各类电子图书5万册，以及各种多媒体资料和特色数据库。该楼教育教学配套功能强大，建筑物南侧还有室内拱跨展示空间以及性能卓越的千座专业剧场。

图47-3
千座专业剧场

博采尽藏
纵观大赏

位于拱跨室内空间，只见巨大的弧形玻璃面全是由钢管支撑，壮观宏伟，玻璃外面波光粼粼，风光无限。在千座专业剧场里，你可以感受全国设计年会上海站的现代风潮，感受上海大学生电视节闭幕式的澎湃热情，惊叹于松江大学城七校原创校园剧展的恣肆想象，眼看大千世界，博采众长。

图 47-4
室内拱跨展示空间

在新时代，“大眼睛”更成为科技影都的文化名片。2018 年 6 月，“科技影都松江大学城影视展”在图文信息中心隆重开幕，来自塞尔维亚的入围海外剧《疯人院的隐匿者》作为开幕作品放映，众多影迷在此等候观看开幕电影，期待着一场文化盛宴。影视展期间，松江大学城七校共公益展映 30 余部来自中国、美国、英国、德国、日本、摩洛哥、奥地利、塞尔维亚、新加坡、加拿大、法国、丹麦、西班牙、马来西亚、伊朗、荷兰等 16 国的精彩影片。

图 47-5
南侧夜景

展映的片目既有从“白玉兰”奖入围作品及展播节目中挑选的精品电视剧、纪录片、动画片，也有世界首映影片、竞赛单元参赛片和经典修复影片。“大眼睛”不仅为松江大学城七校的学生提供了接触最新电影艺术、了解世界影视资源的平台，也进一步助推了“科技影都”的发展。

面湖而望，“大眼睛”是一件建筑艺术品；但当你走进其中，其内还有艺术专业阅览室、文化图书馆、多功能电脑室、奇石馆、声乐琴房、表演形体房、大剧场、电影观摩厅、书法室。种种视觉之美让图文信息中心形如“大眼睛”，功能也如此，传达出“用知识和智慧的眼睛去欣赏这个美丽的世界，你看到的世界将与众不同”的经典哲思。

（供稿：范雪非）

参考文献

[1] 邓以明．陈望道传[M]．上海：复旦大学出版社，2011.

[2] 齐全胜．复旦逸事[M]．辽宁：辽海出版社，1988.

[3] 王增藩．苏步青传[M]．上海：复旦大学出版社，2005.

[4] 陈海汶，郑时龄．传承：上海市第四批优秀历史建筑[M]．上海：上海文化出版社，2006.

[5] 董黎．中国近代教会大学建筑史研究[M]．北京：科学出版社，2010.

[6] 钱益民．李登辉传[M]．上海：复旦大学出版社，2005.

[7] 许有成，柳浪．复旦经纬百年掌故及其他[M]．上海：上海人民出版社，2005.

[8] 王一心．天堂应该是图书馆模样：走进民国大学图书馆[M]．安徽：黄山书社，2018.

[9] 盛懿，孙萍，顾建键．老房子，新建筑[M]．上海：上海交通大学出版社，2006.

[10] 曹永康．南洋筑韵[M]．上海：上海交通大学出版社，2016.

[11] 上海交通大学钱学森图书馆．钱学森图书馆导览手册[M]．上海：上海交通大学出版社，2014.

[12]《民间影像》．文远楼和她的时代[M]．上海：同济大学出版社，2017.

[13] 范和生．我们的校园——从 2000 年 3 月 16 号开始上海戏剧学院华山路校园变迁纪实[M]．北京：中国戏剧出版社，2014.

[14] 顾振辉．凌霜傲雪岿然立——上海戏剧学院·民国校史考略[M]．上海：上海交通大学出版社，2015.

[15] 张洁，肖镭．“显相”与“隐相”——复旦大学相辉堂的修缮与扩建[J]．建筑遗产，2019（04）：110-119.

[16] 肖镭．场景控制下的历史建筑环境再生复旦相辉堂改扩建工程[J]．时代建筑，2020（03）：124-131.

[17] 杨家润，陈丽萍．中国心理学先驱——郭任远[J]．上海档案，2003（01）：57-58.

[18] 陈云琪．复旦大学光华楼[J]．华中建筑，2009，27（04）：46.

[19] 何镜堂，郭卫宏，张振辉，等．钱学森图书馆[J]．城市环境设计，2018（02）：160-165.

[20] 李振宇，钱锋．栽花插柳、源远流长　德绍包豪斯校舍与同济大学文远楼[J]．时代建筑，2019（03）：6-11.

[21] 郑时龄．同济学派的学术内涵[J]．中国建筑教育，2017（Z1）：13-15.

[22] 袁烽，陈剑秋，王启颖，司徒娅．同济大礼堂保护性改建，上海，中国[J]．世界建筑，2015（03）：63.

[23] 袁烽，姚震．更“芯”驻“颜”——同济大学大礼堂保护性改建的方法和实践[J]．建筑学报，2007

(06): 80-84.

[24] 张鸿武．创新·融合·动态场景——同济大学教学科研综合楼设计[J]. 建筑学报，2005(09): 42-44.

[25] 张鸿武．空间布局与营造技术的结合——同济大学教学科研综合楼设计[J]. 时代建筑，2007(03): 106-111.

[26] 同济大学档案馆．同济大礼堂[J]. 同济大学学报(社会科学版)，2015，26(02): 2.

[27] 张长根．圣约翰大学怀施堂[J]. 上海城市规划，2004(06): 19.

[28] 王吉民．筹设中国医史陈列馆刍议[1]. 中华医学杂志，1937，23(5): 758-759.

[29] 王丽丽，陈丽云．从中华医学会医史博物馆到上海中医药博物馆：写在王吉民诞辰 130 周年[J]. 中华医史杂志，2019(06): 343-349.

[30] 吴佐忻．上海中医药博物馆隆重开馆[J]. 医古文知识，2005(01): 48.

[31] 孙杰，历正宏．殷切的嘱托——记温家宝总理与上海大学生的一次谈话[J]. 瞭望新闻周刊，2003(36): 4.

[32] 罗凯，魏宏坤，谢红妹．中国会计博物馆[J]. 中国建筑装饰装修，2012(06): 144-147.

[33] 侯国柱．上海电机学院临港校区图书馆[J]. 上海高校图书情报工作研究，2012，22(02): 2.

[34] 黄胜，魏春雨．浅议现代高校图书馆建筑设计——以上海电机学院临港校区图书馆为例[J]. 中外建筑，2009(12): 87-88.

[35] 夏毓婕．红色之声：为什么我们要花大力气修复陈望道旧居[J/OL](2020-06-24)[2020-07-29]. http: //n.eastday.com/pnews/1592966384012786.

[36] 尹怀恩，王增藩，杨俐．晓故事 | 悠悠子彬院，深深复旦情(一)[J/OL].(2018-04-20)[2020-07-29].https: //www.sohu.com/a/228931778_608553.

[37] 尹怀恩，王增藩，杨俐．晓故事 | 悠悠子彬院，深深复旦情(二)[J/OL].(2018-04-27)[2020-07-29].https: //www.sohu.com/a/229713863_608553.

[38] 尹怀恩，王增藩，杨俐．晓故事 | 悠悠子彬院，深深复旦情(三)[J/OL].(2018-05-18)[2020-07-29].https: //www.sohu.com/a/232064976_608553.

[39] 复旦大学基建处．子彬院改扩建工程竣工验收[J/OL].(2011-11-03)[2020-07-29].http: //www.jijian.fudan.edu.cn/d2/bf/c6527a53951/page.htm.

[40] 百度百科．复旦大学光华楼[J/OL].(2019-08-24)[2020-07-29].https: //baike.baidu.com/reference/33267/edf4dSHJnCvm9TSgB-W5PCPVSFvtn6QmQ9Iy3RpVbwTlOG5iDL2tKLm_GQ0zVsIUxPVzMXcjVWC9QeqAeen3cEwOWrMh2Q.

[41] 丛绿，郑峥．文治堂：交大解放前的建筑收官之作 | 百廿交大[J/OL].(2016-12-19)[2020-07-29].https: //mp.weixin.qq.com/s/bBBVaGAzWwFnv8PTo-GhmA.

[42] 丛绿．中院：上海交大最古老的建筑 | 百廿交大[J/OL].(2016-11-30)[2020-07-29].https: //mp.weixin.qq.com/s/7xd2x5zGGMak26bhCUKgcw.

[43] 丛绿，郑峥．工程馆：邬达克设计，当年中国最现代化的工科楼 | 百廿交大[J/OL].(2016-12-09)

[2020-07-29].https: //mp.weixin.qq.com/s/13ehgWZ4421YLXAAux2PcQ.

[44] 上海交通大学 . 大地上的丰碑——写在钱学森图书馆开馆之际[EB/OL].(2011-12-12)[2020-07-29].http: //old.moe.gov.cn/publicfiles/business/htmlfiles/moe/s6121/201112/127939.html.

[45] 建筑风韵 | 同济大学文远楼[EB/OL]. [2018-10-11].https: //www.sohu.com/a/258880473_363254.

[46] 同济大学基建处 . 同济大礼堂[EB/OL]. [2020-07-29].https: //jjc.tongji.edu.cn/tsjz/splxq/tjdlt.htm.

[47] 周黎萍 .【 寻根图书馆 】告白同济 113 周年校庆: 图书馆溯源[EB/OL].(2020-05-20)[2020-07-29].https: //www.lib.tongji.edu.cn/index.php? classid=11979&newsid=30962&t=show.

[48] 方勐 . 建筑风韵 | 同济大学图书馆[EB/OL].(2018-12-13)[2020-07-29].https: //www.sohu.com/a/281993284_363254.

[49] 同济设计 . 同济大学图书馆改建[EB/OL]. [2020-07-29].http: //www.tjad.cn/project/99.

[50] 同济设计 . 同济大学教学科研综合楼[EB/OL]. [2020-07-29].http: //www.tjad.cn/project/97.

[51] 人民日报 . 习近平的改革足迹——正定[EB/OL].(2018-12-11)[2020-07-29].http: //politics.people.com.cn/n1/2018/1211/c1001-30460001.html.

[52] 黄杨子 . “寻找心中的最美校园” 之上海财大:“引凤还巢”,商科与文化之美在此融合绽放[EB/OL].(2018-03-31)[2020-07-29].https: //www.jfdaily.com/news/detail? id=84571.

图书在版编目（CIP）数据

土木芳华：上海高校建筑故事 / 中共上海市教育卫生工作委员会，
上海市教育委员会编.— 上海：上海教育出版社，2020.12
（上海高校红色往事丛书）
ISBN 978-7-5720-0405-6

Ⅰ. ①土… Ⅱ. ①中… ②上… Ⅲ. ①高等学校－教育建筑－建筑史
－上海 Ⅳ. ①TU244.3

中国版本图书馆CIP数据核字(2020)第240120号

责任编辑 陈杉杉 曹婷婷
书籍设计 美文设计

上海高校红色往事丛书
土木芳华：上海高校建筑故事
中共上海市教育卫生工作委员会 上海市教育委员会 编

出版发行 上海教育出版社有限公司
官 网 www.seph.com.cn
地 址 上海市永福路123号
邮 编 200031
印 刷 上海盛通时代印刷有限公司
开 本 787 × 1092 1/16 印张 25 插页 2
字 数 389 千字
版 次 2020年12月第1版
印 次 2021年3月第1次印刷
书 号 ISBN 978-7-5720-0405-6/G · 0297
定 价 99.80 元

如发现质量问题，读者可向本社调换 电话：021-64377165